天津市科协自然科学学术专著基金资助出版

海河流域
区域暴雨及面雨量分析图集

余文韬　陈宏　孙密娜　王颖　杨晓君◎主编

气象出版社
China Meteorological Press

内容简介

海河流域是我国水资源严重不足的地区之一，水资源供需矛盾十分突出。因此，客观分析海河流域降水尤其是暴雨个例的时空分布、演变规律和变化趋势，对海河流域防汛减灾、水资源合理开发利用以及改善生态环境有十分重要的现实意义。本书共4章，概括了近60年来海河流域暴雨、面雨量及暴雨灾害的主要特征和气候背景，通过研究造成海河流域暴雨的主要影响天气系统和天气概念模型，凝练了海河流域暴雨的预报思路。通过典型个例，对暴雨形成原因进行深入剖析，进而揭示暴雨形成的物理机制，有利于提高对海河流域暴雨形成机理的认识，提高预报准确率，可为洪水预报、水库调度、蓄水发电、城市供水、水资源科学利用等提供可靠的决策依据。

图书在版编目（CIP）数据

海河流域区域暴雨及面雨量分析图集 / 余文韬等主编. -- 北京 : 气象出版社, 2024.9
ISBN 978-7-5029-8168-6

Ⅰ. ①海… Ⅱ. ①余… Ⅲ. ①海河－流域－暴雨量－水文分析－图集 Ⅳ. ①P333.2-64

中国国家版本馆CIP数据核字(2024)第053969号

天津市科协自然科学学术专著基金资助出版

海河流域区域暴雨及面雨量分析图集

Haihe Liuyu Quyu Baoyu ji Mianyuliang Fenxi Tuji

出版发行：气象出版社
地　　址：北京市海淀区中关村南大街46号　**邮政编码**：100081
电　　话：010-68407112(总编室)　010-68408042(发行部)
网　　址：http://www.qxcbs.com　**E-mail**：qxcbs@cma.gov.cn
责任编辑：黄海燕　**终　　审**：张　斌
责任校对：张硕杰　**责任技编**：赵相宁
封面设计：楠竹文化
印　　刷：北京建宏印刷有限公司
开　　本：787 mm×1092 mm　1/16　**印　　张**：8
字　　数：200千字
版　　次：2024年9月第1版　**印　　次**：2024年9月第1次印刷
定　　价：80.00元

编委会

主编：佘文韬　陈　宏　孙密娜　王　颖　杨晓君

编委：韩婷婷　王　莹　林晓萌　王艳春　从　靖
王　静　庄园煌　魏　琳　侯　敏　张　楠
杨　洋　程善俊　徐　姝　刘一玮

前言

海河流域降水的季节性强、时间和空间分布不均，而且海河流域内地貌复杂，北有燕山西有太行，地势自北、西、西南 3 个方向向渤海湾倾斜，易发生洪涝灾害。近年来极端天气增多，常发生突发性极端暴雨，加之河流源短流急，使流域洪水具有历时短、难预报、难预防的特点。同时，海河流域也是我国水资源严重不足的地区之一，水资源供需矛盾十分突出。因此，客观分析海河流域降水尤其是暴雨个例的时空分布、演变规律和变化趋势，对海河流域防汛减灾、水资源合理开发利用以及改善生态环境有十分重要的现实意义。

本书共 4 章。第 1 章介绍海河流域地理、气候、暴雨和面雨量时空分布统计以及致洪暴雨灾害情况，概括了近 60 年来海河流域暴雨、面雨量及暴雨灾害的主要特征，由陈宏、孙密娜、杨晓君、侯敏和魏琳编写。第 2 章介绍造成海河流域暴雨的主要影响天气系统和天气概念模型，凝练了海河流域暴雨的预报思路，由王颖编写。第 3—4 章给出历史上发生在海河流域的 53 个典型暴雨个例及其面雨量和天气背景图，分析每个暴雨个例的降水量和面雨量分布以及天气系统特征，由孙密娜、王颖、陈宏、韩婷婷、王莹、林晓萌、王艳春、从靖、王静、庄园煌、张楠、杨洋、徐姝、刘一玮编写。全书由佘文韬和陈宏总策划，经编写组成员多次反复修改，佘文韬审阅后成册。程善俊负责面雨量资料整理技术支持及气候背景分析。个例中的概念模型图由王颖绘制，降水量和面雨量实况图以及各河系面雨量时空分布特征图由孙密娜绘制，海平面气压场和各特征层环流形势图由韩婷婷和王莹绘制。

本书在撰写过程中得到天津市气象局领导的关心和大力支持，给予许多建设性的意见和建议。面雨量资料整理方面得到天津市气候中心郝立生正高级工程师和马宁高级工程师的支持和帮助，本书的出版得到中国气象局创新发展专项（CXFZ2022J017）的经费资助，还得到天津市科协自然科学学术专著基金的支持，在此一并表示真诚的感谢！

由于作者水平有限，书中难免有疏漏之处，敬请读者提出宝贵意见。

作者

2024 年 5 月

目录

前言

第 1 章　海河流域暴雨和面雨量气候特征 …… 1

1.1　海河流域地理特点 …… 2

1.2　海河流域暴雨气候特征 …… 2

1.3　海河流域各河系面雨量时空分布特征 …… 2

1.4　海河流域致洪暴雨 …… 11

第 2 章　海河流域暴雨预报思路 …… 13

2.1　海河流域暴雨影响系统 …… 14

2.2　海河流域暴雨概念模型 …… 15

第 3 章　海河流域暴雨个例入选标准和说明 …… 18

3.1　海河流域暴雨个例入选标准 …… 19

3.2　海河流域暴雨个例分析资料介绍 …… 19

第 4 章　海河流域暴雨个例分析 …… 20

4.1　1961 年 8 月 14 日暴雨 …… 21

4.2　1962 年 7 月 25 日暴雨 …… 22

4.3　1963 年 8 月 4—9 日暴雨 …… 24

4.4　1964 年 8 月 1 日暴雨 …… 32

4.5　1964 年 8 月 13 日暴雨 …… 33

4.6　1964 年 9 月 12 日暴雨 …… 35

4.7　1967 年 8 月 20 日暴雨 …… 36

4.8 1968年10月6日暴雨 …… 38
4.9 1969年8月11日暴雨 …… 40
4.10 1969年8月21日暴雨 …… 41
4.11 1970年8月1日暴雨 …… 43
4.12 1971年6月26日暴雨 …… 44
4.13 1972年7月20日暴雨 …… 46
4.14 1973年7月2日暴雨 …… 47
4.15 1973年8月20日暴雨 …… 49
4.16 1975年7月29—30日暴雨 …… 50
4.17 1976年7月19日暴雨 …… 53
4.18 1976年8月20日暴雨 …… 55
4.19 1977年7月5日暴雨 …… 56
4.20 1977年7月26日暴雨 …… 58
4.21 1978年7月25日暴雨 …… 59
4.22 1981年7月4日暴雨 …… 61
4.23 1981年8月16日暴雨 …… 62
4.24 1983年9月8日暴雨 …… 64
4.25 1984年8月9—10日暴雨 …… 65
4.26 1986年6月27日暴雨 …… 68
4.27 1987年8月26日暴雨 …… 69
4.28 1989年7月17日暴雨 …… 71
4.29 1991年7月28日暴雨 …… 73
4.30 1994年7月12—13日暴雨 …… 74
4.31 1994年8月6日暴雨 …… 76
4.32 1995年7月25日暴雨 …… 78
4.33 1995年8月6日暴雨 …… 80
4.34 1996年8月4—5日暴雨 …… 81
4.35 2000年7月4—5日暴雨 …… 83
4.36 2001年7月27日暴雨 …… 85
4.37 2003年10月11日暴雨 …… 87
4.38 2005年7月23日暴雨 …… 89
4.39 2008年7月15日暴雨 …… 90
4.40 2009年5月9日暴雨 …… 92

4.41　2010 年 7 月 19 日暴雨 …………………………………………………… 94
4.42　2011 年 7 月 24 日暴雨 …………………………………………………… 95
4.43　2011 年 7 月 29 日暴雨 …………………………………………………… 97
4.44　2012 年 7 月 21 日暴雨 …………………………………………………… 99
4.45　2012 年 7 月 30—31 日暴雨 ……………………………………………… 100
4.46　2016 年 7 月 19—20 日暴雨 ……………………………………………… 103
4.47　2017 年 10 月 9 日暴雨 …………………………………………………… 105
4.48　2018 年 7 月 24 日暴雨 …………………………………………………… 107
4.49　2019 年 7 月 29 日暴雨 …………………………………………………… 109
4.50　2021 年 7 月 12 日暴雨 …………………………………………………… 110
4.51　2021 年 7 月 21 日暴雨 …………………………………………………… 112
4.52　2021 年 7 月 29 日暴雨 …………………………………………………… 114
4.53　2021 年 9 月 19 日暴雨 …………………………………………………… 115

第 1 章

海河流域暴雨和面雨量气候特征

1.1 海河流域地理特点

海河流域地处京畿要地，地跨北京、天津、河北、山西、山东、河南、内蒙古和辽宁等 8 个省（自治区、直辖市），其中，北京、天津全域属于海河流域，河北省 91%、山西省 38%、山东省 20%、河南省 9.2%的面积属于海河流域，内蒙古自治区 1.36 万 km^2 和辽宁省 0.17 万 km^2 属于海河流域。海河流域属于温带东亚季风气候区，冬季受西伯利亚大陆性气团控制，寒冷少雪；春季受蒙古大陆性气团影响，气温回升快，风速大，气候干燥，蒸发量大，往往形成干旱天气；夏季受海洋性气团影响，气温高，降雨量多，且多暴雨，但因历年夏季太平洋副热带高压的进退时间、强度、影响范围等很不一致，致使降雨量的变差很大，旱涝时有发生；秋季为夏冬的过渡季节，一般年份秋高气爽，降雨量较少。除了年内、年际间的旱涝变化之外，较长时间尺度的地球温暖化趋向也会对海河流域产生影响。20 世纪 60 年代以来，海河流域呈现用水量增加而降水量总体下降的趋势。

1.2 海河流域暴雨气候特征

利用海河流域 169 个气象站 1961—2020 年夏季（6—8 月）日降水资料，分析该地区夏季不同强度降水的降水量和降水日数的变化趋势及其对夏季旱涝的贡献。结果发现，近 60 年来海河流域夏季降水日数显著减少，其主要原因是小雨日数的下降；降水量的年代际特征明显，近 20 年呈增加趋势，且暴雨比重显著增大。空间上，流域北部降水日数减少更明显，而东南部降水量呈增加趋势。海河流域夏季旱涝与降水日数变化显著相关且主要受强降水的影响，小雨、中雨、大雨和暴雨的贡献分别为 5.5%、16.8%、31.2%和 46.5%。7 月是影响海河流域夏季旱涝的关键期，该时段内大雨和暴雨的作用更明显。夏季降水天气过程对季节旱涝具有决定性影响，在不同旱涝等级下，海河流域夏季最强降水能够贡献夏季总降水的 15%～29%，导致季节旱涝程度和状态的改变。

海河流域夏季旱涝主要受到暴雨日数变化的影响，因此在进行海河流域夏季降水趋势预测时，需重点关注强降水过程的影响，特别是暴雨频次的影响。

1.3 海河流域各河系面雨量时空分布特征

1.3.1 各河系年平均面雨量时空分布特征

由于海河流域的站点分布不均匀，因此采用泰森多边形法计算 1961—2020 年各河系的面雨量。泰森多边形实质上是对空间平面的一种划分，设每个雨量观测站的降水量为 $x_i(i=1,\cdots,n)$，每个对应的泰森多边形的面积为 f_i，则区域平均降水量可按下式求得

$$\bar{x}=\frac{f_1x_1+f_2x_2+\cdots+f_nx_n}{f_1+f_2+\cdots+f_n}=\frac{1}{F}\sum_{i=1}^{n}f_ix_i=\sum_{i=1}^{n}A_ix_i \tag{1.1}$$

式中:n 为观测站或者泰森多边形的个数;F 为流域的总面积;A_i 为观测站的权重系数。

(1)各河系年平均面雨量空间分布特征

如图 1.1 所示,1961—2020 年海河流域各河系年平均面雨量由东南向西北方向递减,其中漳卫河和徒骇马颊河流域的年平均面雨量最大,达到 570 mm 以上,滦河、黑龙港运东和海河干流亦达到 530 mm 以上,永定河流域最小,仅为 416.3 mm。夏季平均面雨量分布与年平均面雨量分布相似,由东南向西北方向递减,其中北三河、海河干流和徒骇马颊河流域的夏季平均面雨量最大,达到 380 mm 以上,滦河和大清河流域亦达到 360 mm 以上,永定河流域最小,仅为 267.2 mm。

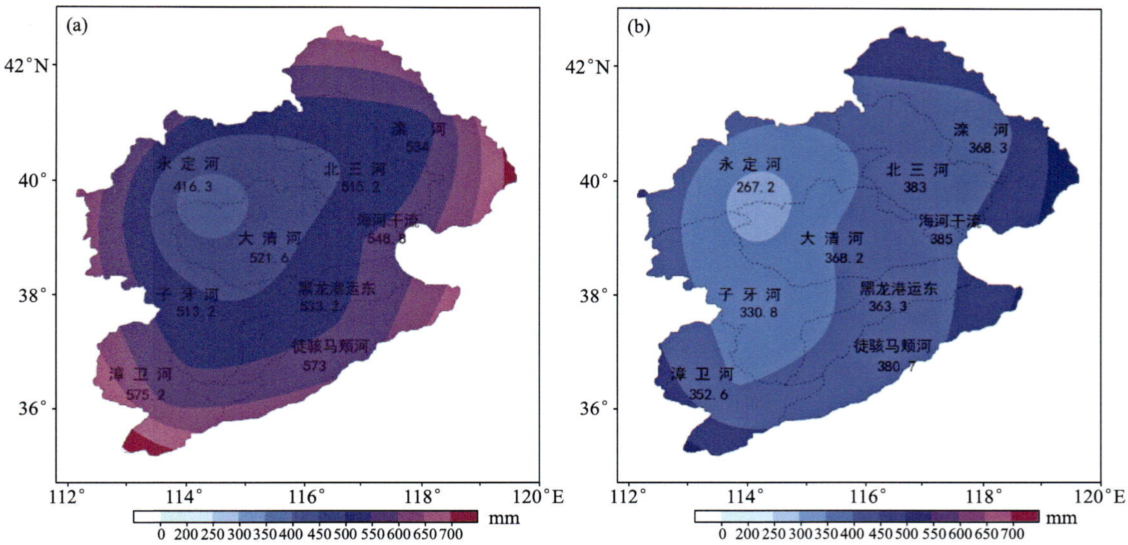

图 1.1　1961—2020 年海河流域各河系(a)年平均面雨量和(b)夏季平均面雨量

(2)各河系年平均面雨量年际分布特征

1961—2020 年海河流域逐年面雨量序列(图 1.2)显示,各河系年面雨量的差异较大,黑龙港运东、漳卫河和徒骇马颊河流域最大年面雨量在 950 mm 以上,海河干流和子牙河流域为 850～900 mm,滦河、北三河和大清河流域为 750 mm 左右,永定河流域仅为 586 mm。黑龙港运东、漳卫河、海河干流和徒骇马颊河流域最大与最小年面雨量的差值在 650 mm 以上,大清河和子牙河流域的差值在 490～560 mm,滦河、北三河和大清河流域的差值在 350～400 mm。

1.3.2　各河系极端面雨量时空分布特征

按照泰森多边形法计算 1961—2020 年各河系逐日面雨量,将面雨量大于 0.1 mm 的降水日的面雨量由大到小进行排列,前 5%的面雨量记为各河系的极端面雨量。表 1.1 给出了各河系极端面雨量的样本数、阈值和最大值,各河系的差异较大,子牙河和滦河的样本数最多,分别为 396 d 和 390 d,海河干流最少,为 218 d;而极端面雨量阈值海河干流最大,为 31.9 mm,永定河最小,为 13.0 mm;子牙河、海河干流和漳卫河的最大极端面雨量最大,均达到 140 mm 以上,永定河最小,仅为 75.7 mm。因此,海河干流的极端面雨量过程日数少,但是单日极端

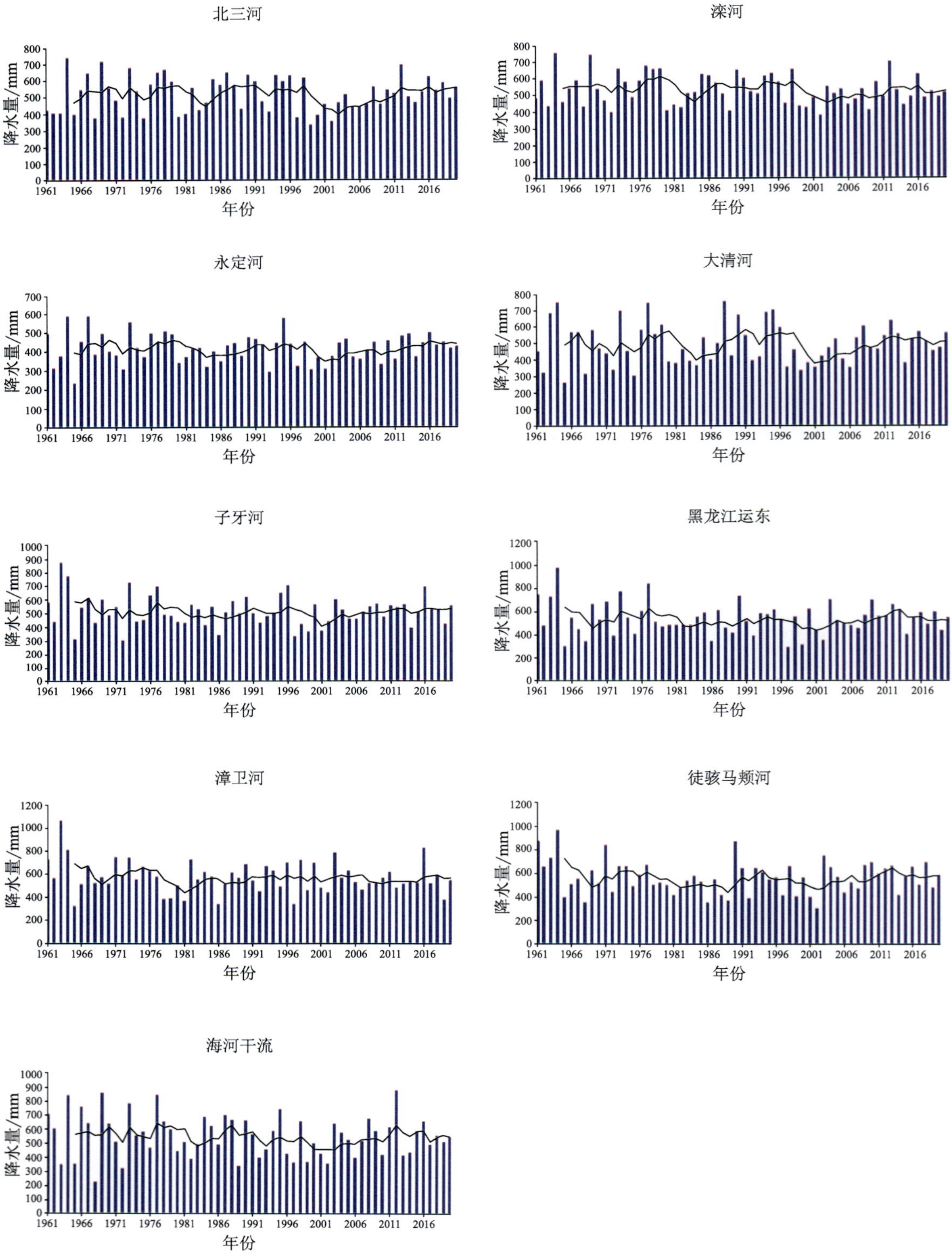

图 1.2　1961—2020 年海河流域各河系逐年面雨量和 5 点平滑趋势线

面雨量大，滦河、永定河和子牙河的极端面雨量过程日数多，但是单日平均面雨量较小。

表 1.1　1961—2020 年海河流域各河系极端面雨量的样本数、阈值和最大值

	滦河	北三河	永定河	大清河	子牙河	黑龙港运东	海河干流	漳卫河	徒骇马颊河
样本数/d	390	333	378	310	396	280	218	315	311
阈值/mm	16.2	19.2	13.0	20.1	15.9	24.3	31.9	22.3	24.0
最大值/mm	101.7	124.9	75.7	101.6	168.9	112.9	141.2	172.3	108.1

(1)各河系极端面雨量空间分布特征

如图 1.3 所示，1961—2020 年海河流域各河系年平均极端面雨量由东南向西北方向递减，其中漳卫河流域的年平均极端面雨量最大，达到 198.9 mm，徒骇马颊河流域和海河干流亦达到 190 mm 以上，永定河流域最小，仅为 129.7 mm，其余 5 个河系相近，为 170～180 mm。

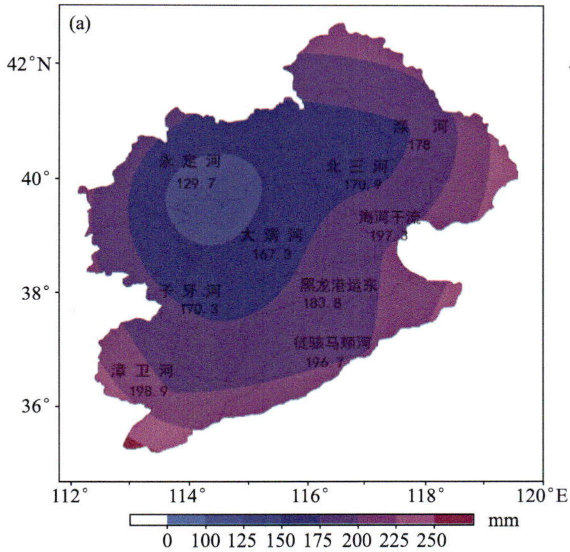

图 1.3　1961—2020 年海河流域各河系年平均(a)极端面雨量和(b)极端面雨量过程日数

从年平均极端面雨量过程日数来看，永定河流域、滦河流域和子牙河流域的过程日数最多，为 6.3～6.6 d，黑龙港运东和海河干流 2 个河系的过程日最少，为 3.6～4.7 d。

为了研究过程日降水强度的差异，表 1.2 给出了各河系极端面雨量排名前十的过程日，对应着多次华北地区的强降水事件，包括 1963 年“63・8”降水过程、2012 年“7・21”降水过程、2016 年“7・20”降水过程、2018 年 7 月 23—24 日北上台风“安比”降水过程等。用极端面雨量过程的日平均面雨量来表示单日降水的强度，永定河流域的强度最小，仅为 20.6 mm。

表 1.2　1961—2020 年海河流域各河系极端面雨量排名前十的过程日

序号	滦河	北三河	永定河	大清河	子牙河	黑龙港运东	海河干流	漳卫河	徒骇马颊河
1	1962-07-25	2012-07-21	2012-07-21	1963-08-07	2016-07-19	2003-10-11	1984-08-10	1996-08-04	2003-10-11
2	2016-07-20	2016-07-20	1973-08-20	2016-07-19	1996-08-04	1998-07-14	1975-07-30	1994-07-12	2015-08-03

续表

序号	滦河	北三河	永定河	大清河	子牙河	黑龙港运东	海河干流	漳卫河	徒骇马颊河
3	2012-07-21	1967-08-20	1964-07-21	1996-08-05	1963-08-04	1987-08-26	2012-07-25	2016-07-19	2012-07-31
4	1984-08-10	1984-08-10	2000-07-04	2012-07-21	1963-08-05	1981-08-16	1962-07-25	1963-08-08	2009-05-09
5	1975-07-30	1982-07-25	1964-08-13	1964-08-13	1968-10-06	2011-08-15	2018-07-24	1984-08-09	1961-07-12
6	1994-07-13	1978-08-27	1975-07-29	1963-08-08	1976-07-19	1962-07-25	1994-08-06	2000-07-05	2010-07-19
7	1979-06-24	1994-07-13	1995-07-29	2019-07-29	1963-08-06	1981-07-04	2016-07-19	1982-08-01	1984-08-10
8	1998-07-13	2018-07-24	1967-08-10	1986-06-27	1963-08-07	2001-07-27	1987-08-26	1976-07-18	1983-09-08
9	1964-08-13	1964-08-01	2016-07-20	2011-07-29	2001-07-27	2016-07-19	1967-08-11	1961-08-14	2018-08-19
10	2017-08-02	1986-06-27	2010-09-20	2016-07-20	1996-07-10	2010-07-19	1969-08-11	1963-07-06	2018-08-14

因此，永定河和子牙河流域年平均极端面雨量日数多，但是单日降水强度小，年平均极端面雨量小；海河干流、黑龙港运东、漳卫河和徒骇马颊河流域的年平均极端面雨量日数较少，但是单日降水强度较大，年平均极端面雨量亦较大。其他 3 个河系的年平均极端面雨量日数、单日降水强度和年平均极端面雨量居中。

(2)各河系极端面雨量旬变化特征

1961—2020 年海河流域极端面雨量逐旬统计结果显示，绝大多数过程日都出现在 4—10 月，9 个河系共出现 2931 个极端面雨量过程日，其中仅有 23 次出现在 3 月和 11 月。

图 1.4 给出了各河系逐旬极端面雨量过程日数，各河系的日数分布均呈单峰型，有 75% 的过程日出现在 6 月中旬至 9 月上旬，尤其是海河干流达到 90% 以上。除子牙河流域极端面雨量过程日最大值出现在 8 月上旬，其余 8 个河系均出现在 7 月下旬，尽管如此，各河系单峰型的“坡度”差别较大，滦河、北三河、黑龙港运东和海河干流流域的“坡度”较大，7 月极端面雨量过程日数分别为 75 d、66 d、58 d 和 48 d，分别占各河系总数的 19.5%、21.4%、21.7% 和 23.9%，其余 5 个河系在 7 月上旬至 8 月下旬极端面雨量过程日数差距较小，永定河、大清河、子牙河、漳卫河和徒骇马颊河流域 7 月极端面雨量过程日数分别为 45 d、48 d、46 d、42 d 和 49 d，分别占各河系总数的 11.7%、16.4%、11.8%、13.5% 和 16.3%。

4 月、5 月、9 月中下旬和 10 月的极端面雨量过程日数在各河系均较少，但是仍略有差异，滦河、北三河、大清河、黑龙港运东和海河干流流域极端面雨量过程日数分别为 53 d、31 d、35 d、36 d 和 19 d，分别占各河系总数的 13.8%、10.1%、11.9%、13.5% 和 9.5%，其余 4 个河系极端面雨量过程日数则较多，永定河、子牙河、漳卫河和徒骇马颊河流域过程日数分别为 76 d、76 d、74 d 和 53 d，分别占各河系总数的 19.8%、19.5%、23.8% 和 17.6%。

因此，海河流域绝大多数极端面雨量过程日出现在 4—10 月，各河系过程日数分布均呈单峰型，有 75% 的过程日出现在 6 月中旬至 9 月上旬，除子牙河流域极端面雨量过程日最大值出现在 8 月上旬，其余 8 个河系均出现在 7 月下旬。滦河、北三河、大清河、黑龙港运东和海河干流流域的分布曲线“坡度”较大，永定河、子牙河、漳卫河和徒骇马颊河流域的分布曲线“坡度”较小。

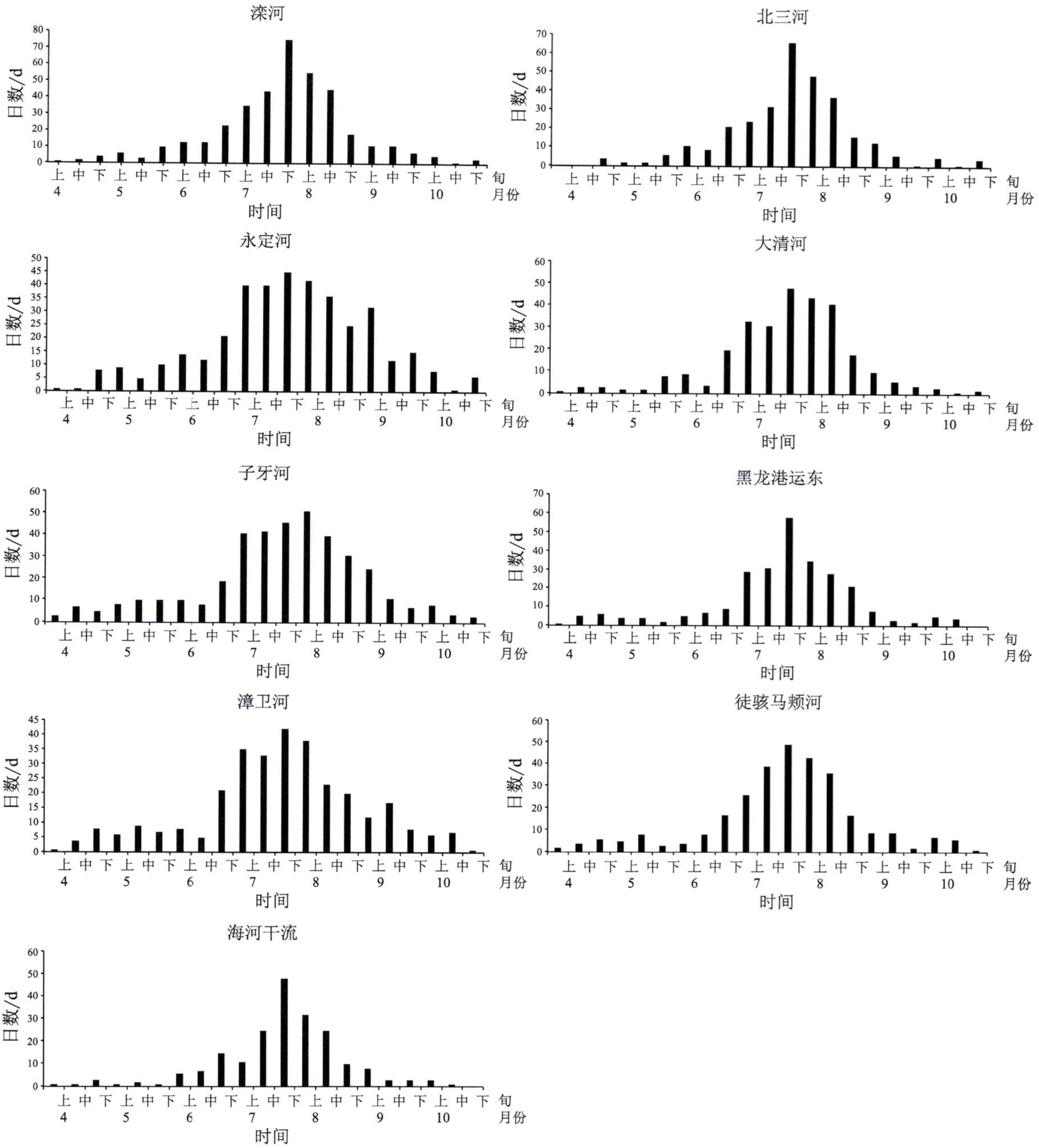

图 1.4　1961—2020 年海河流域各河系逐旬极端面雨量过程日数

图 1.5 给出了各河系逐旬平均极端面雨量，北三河、大清河和漳卫河流域的分布呈双峰型，第 1 个波峰分别位于 6 月上旬、7 月中旬和 5 月中上旬，面雨量分别为 36.4 mm、42.6 mm 和 36.5 mm，第 2 个波峰分别位于 9 月下旬、10 月上旬和 8 月上旬，面雨量分别为 57.1 mm、42.5 mm 和 45.6 mm。其余 6 个河系呈三峰型，滦河、黑龙港运东和徒骇马颊河流域最大旬平均极端面雨量出现在 10 月中旬，面雨量分别为 35.8 mm、56.2 mm 和 51.6 mm。永定河、

子牙河和海河干流流域最大旬平均极端面雨量出现在 7 月中旬至 8 月中旬，面雨量分别为 24.5 mm、31.8 mm 和 66.9 mm。

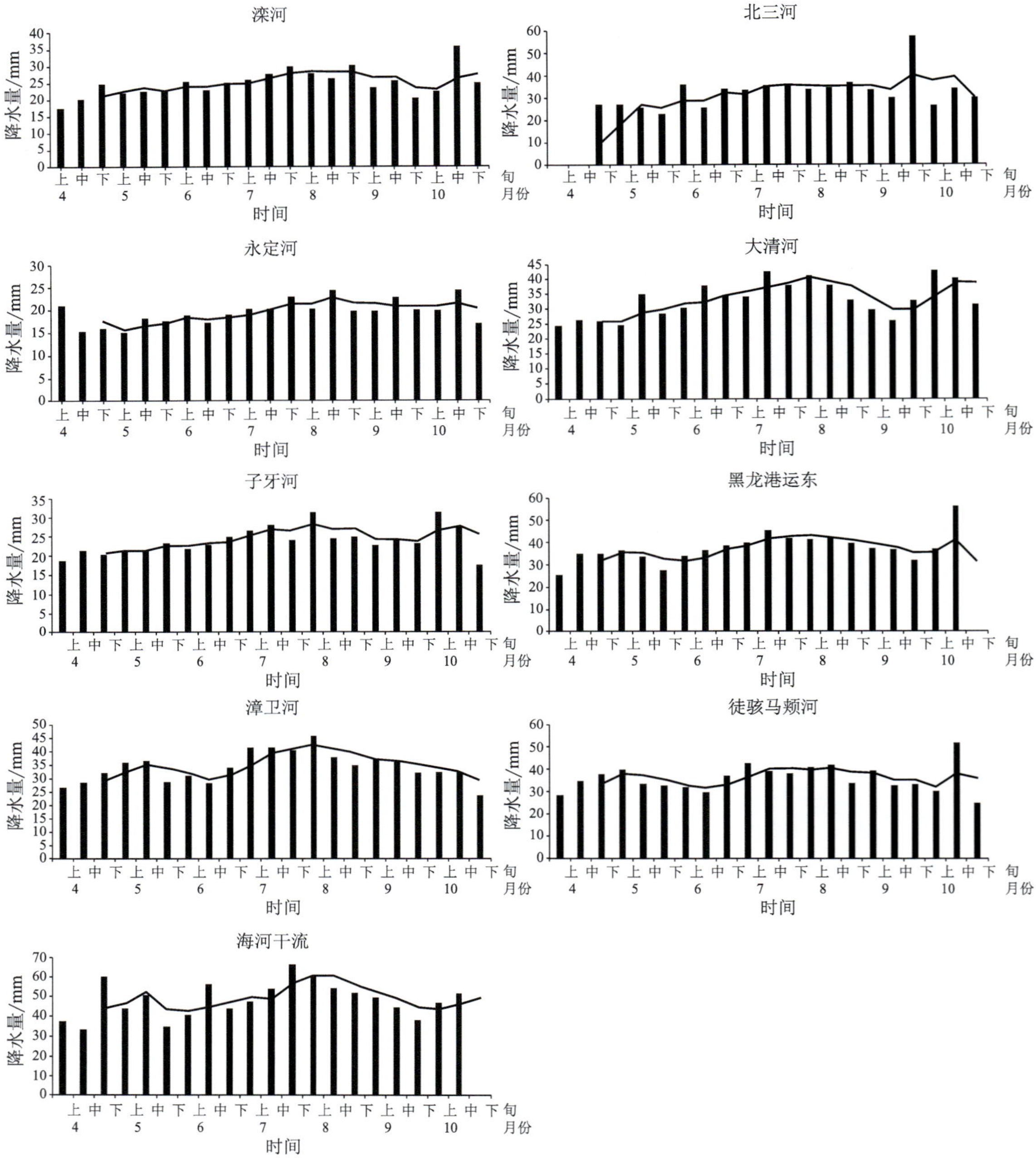

图 1.5 1961—2020 年海河流域各河系逐旬平均极端面雨量和 3 点平滑趋势线

(3)各河系极端面雨量年际和年代际变化特征

1961—2020 年海河流域极端面雨量过程日年平均天数统计的滑动平均结果(图 1.6)显示，滦河、北三河、永定河、大清河和徒骇马颊河流域在 20 世纪 70 年代存在极端面雨量过程日

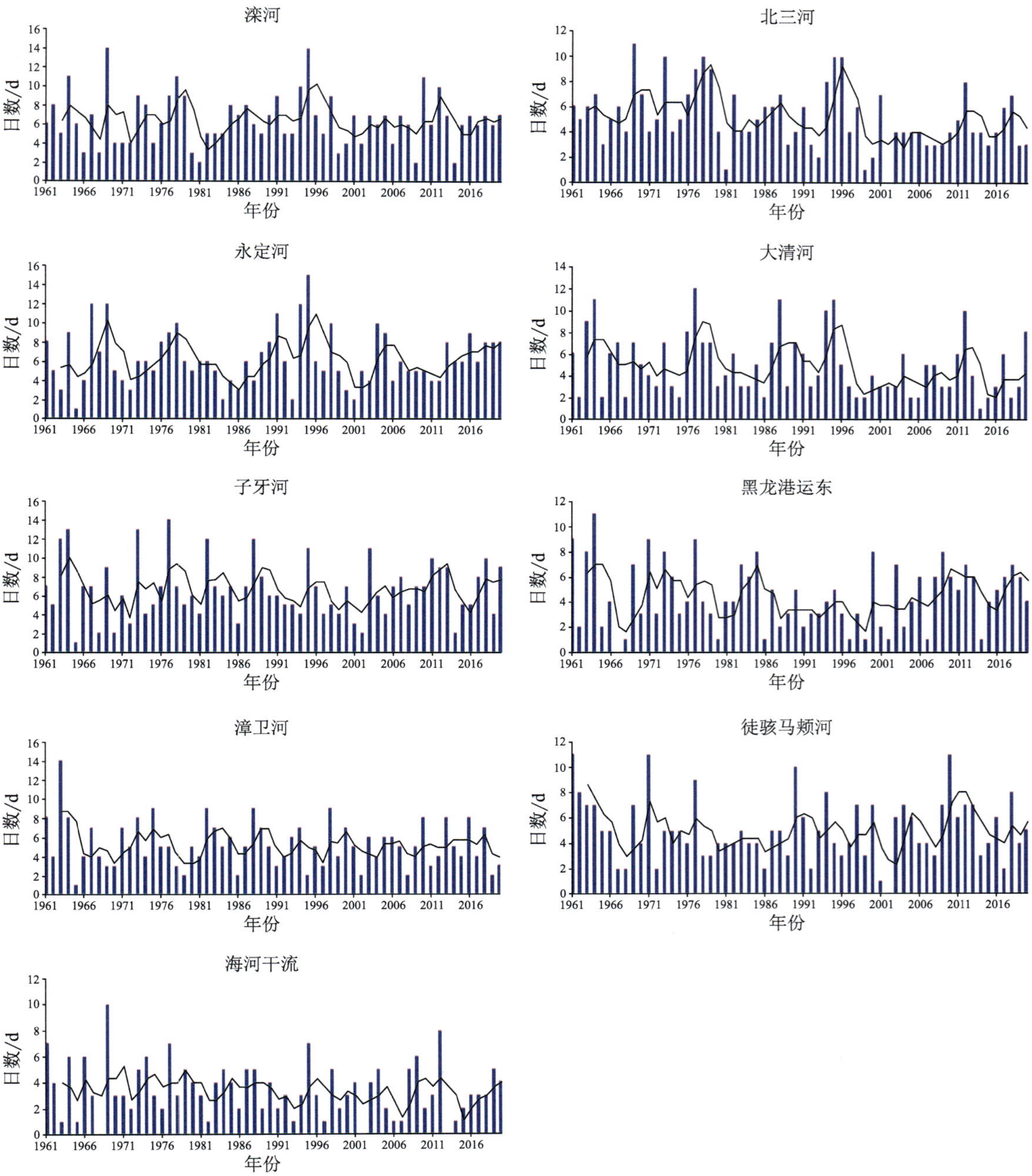

图 1.6　1961—2020 年海河流域各河系年平均极端面雨量过程日数和 3 点平滑趋势线

高值区，最大值为 11～14 d，进入 80 年代过程日数明显减少，最大值为 7～10 d，至 90 年代前期过程日数增多，最大值为 10～15 d，90 年代末开始减少，最大值为 6～10 d，在 2010 年之后又回升至 10 d 左右。这与中国夏季降水在 20 世纪 70 年代末期、90 年代初期和 90 年代后期发生三次显著的年代际跃变的研究结果一致。海河干流、子牙河和黑龙港运东流域在 70 年代和 80 年代均存在极端面雨量过程日数高值区，最大值为 7～14 d，进入 90 年代过程日数明显减少，至 2010 年前后过程日数明显增大，存在 20 a 左右的振荡周期，这与华北降水的年代际变化有所不同。漳卫河流域的滑动平均曲线较平缓，年代际变化特征较其他流域弱。

1961—2020 年海河流域年极端面雨量序列（图 1.7）显示，各河系年极端面雨量的差异较大，漳卫河流域最大年极端面雨量为 650 mm，而永定河仅为 334 mm，滦河、北三河最大年极端面雨量分别为 404 mm 和 398 mm，大清河和子牙河流域分别为 538 mm 和 553 mm，黑龙

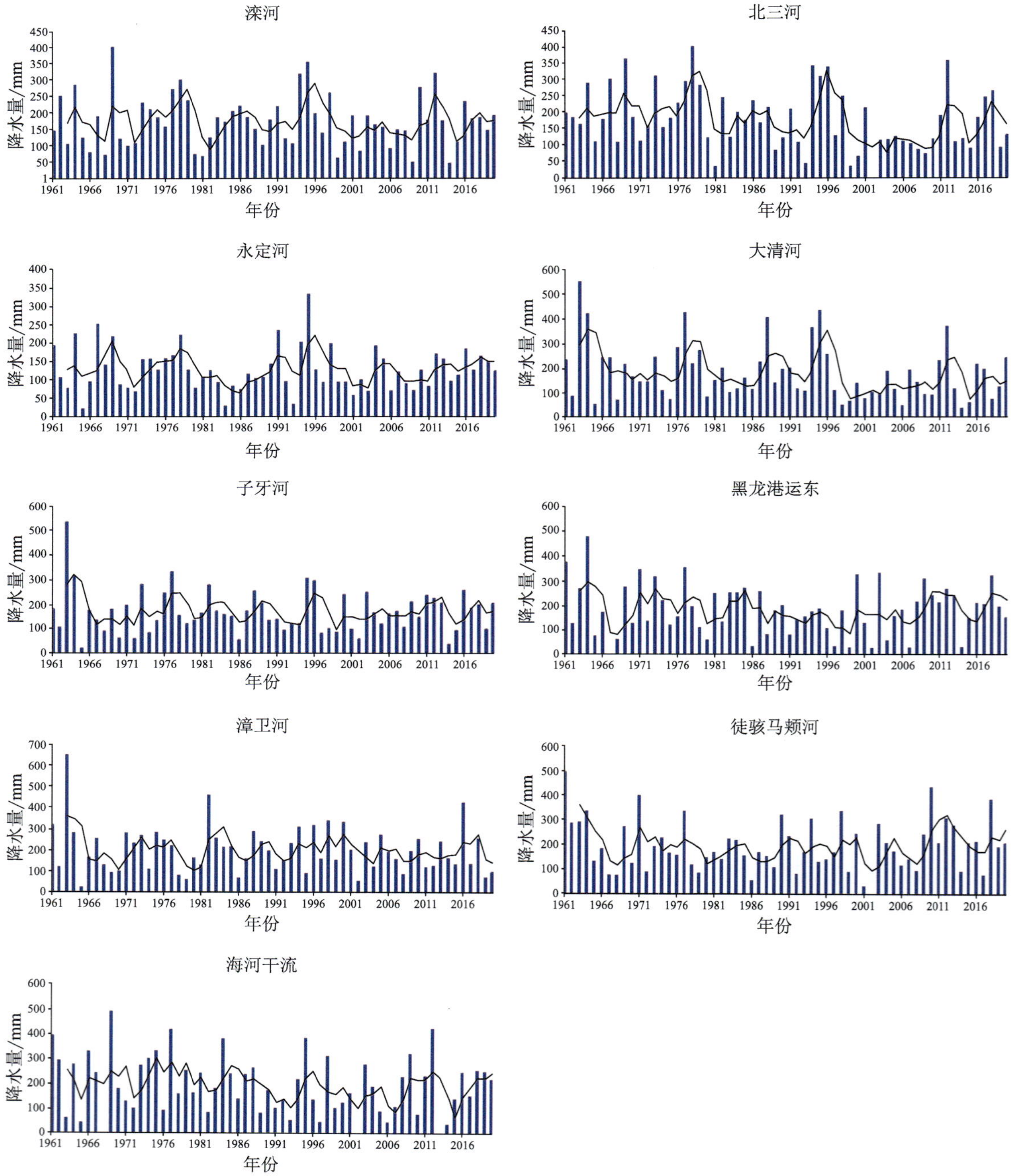

图 1.7　1961—2020 年海河流域各河系年极端面雨量序列和 3 点平滑趋势线

港运东、徒骇马颊河和海河干流流域分别为 478 mm、436 mm 和 490 mm。漳卫河流域最大与最小年极端面雨量的差值最大，为 628 mm，滦河、北三河和永定河流域的差值最小，分别为 357 mm、364 mm 和 312 mm。

1961—2020 年海河流域年极端面雨量序列趋势线（图 1.7）显示，滦河、北三河和永定河流域年极端面雨量在 20 世纪 70 年代较大，进入 80 年代明显减小，至 90 年代中前期增大，2000 年开始减少，在 2010 年之后又回升。极端面雨量序列的 Morlet 小波分析显示，存在 20 a 左右的周期和 9～10 a 的周期。海河干流和黑龙港运东流域在 70 年代中期、80 年代中期和 2010 年前后极端面雨量较大，存在 10 a 左右的周期。大清河、漳卫河和徒骇马颊河流域年极端面雨量曲线存在 15～19 a 的周期，同时存在 30～35 a 的周期。子牙河流域在 70 年代后期、90 年代和 2010 年前后极端面雨量较大，存在 15 a 左右的周期，同时存在 6～8 a 的周期。

1.4 海河流域致洪暴雨

洪涝灾害是海河流域最严重的自然灾害之一，而暴雨是造成海河流域洪灾最直接最根本的原因。流域西部、北部为山区及高原，主要有太行山、燕山等山脉，山区占流域面积的 60%，东南部为华北平原，地势平缓，占流域面积的 40%，而流域山地与平原间丘陵过渡带较短，河道源短流急，洪水流速大，传播时间短，从山区降雨到河道出口出现洪水，最长不超过 1～2 d，短的仅几个小时，独特的地理特征使得流域洪水具有预见期短且突发性强的特性。

暴雨引发的洪水灾害会在流域范围内造成严重影响，对基础设施、房屋建筑、电力、交通、农业、林业等都有巨大破坏性，严重威胁到人民生命财产安全。据统计，历史上海河流域发生中等及以上洪水的地区均出现了特大暴雨，如 1963 年 8 月暴雨洪水，给海河流域带来严重的水害，全流域淹没面积 6.22 万 km^2，有 143 个县（市）受灾，其中 35 个县（市）受淹、35 个县（市）被水围困，受灾人口 4079 万人，特重灾区人口约 1200 万人，死亡 5881 人，直接经济损失约 80 亿元。2012 年 7 月 21 日，北京及其周边地区遭遇 61 年来最强暴雨及洪涝灾害，受灾面积 16000 km^2，成灾面积 14000 km^2。此次过程造成房屋倒塌 10660 间，160.2 万人受灾，死亡 79 人，经济损失共约 116.4 亿元。因此，暴雨造成的洪水在流域范围内危害较大，一直以来受到各防汛决策部门的重视和关注。

洪水频率和重现期实际上是衡量洪水量级的一个标准，是确定水利工程、堤防建设规模和等级的主要依据。统计 1961 年以来海河流域发生的中等及以上洪水的过程，包括特大洪水、大洪水和中等洪水。特大洪水定义为重现期大于或等于 50 a，大洪水定义为重现期大于或等于 20 a、小于 50 a，中等洪水定义为重现期大于或等于 5 a、小于 20 a。根据最新的“海河流域设计洪水修订推荐成果表”，各河系水文站不同频率洪水有相应的洪峰流量设计值，比如滦河流域的潘家口水库，频率 1%（即百年一遇）的洪峰流量设计值为 22800 m^3/s，统计方法是统计该站多年来的日最大流量，超过此流量阈值即记为一次特大洪水过程。本书统计出 1961 年以来海河流域历史上发生的致洪暴雨过程，共有 28 次洪水发生，空间分布如图 1.8 所示，海河流域南系的子牙河和漳卫河出现次数最多，分别为 15 次和 6 次。

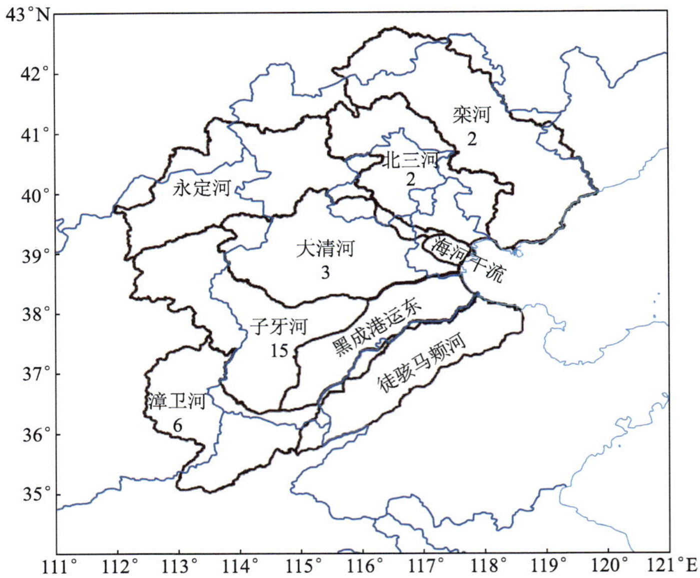

图 1.8 海河流域 9 分区历史洪水空间分布(单位:次)

第 2 章

海河流域暴雨预报思路

2.1　海河流域暴雨影响系统

海河流域暴雨通常是在两个或两个以上天气尺度系统相互作用下发生的。常见的天气尺度系统有高空槽、高空冷涡（蒙古冷涡、东北冷涡）、副热带高压、台风等。此外，在上述天气尺度系统背景下形成的中尺度低涡、切变线、低空急流的强度和位置也会影响海河流域暴雨的强度和落区。

2.1.1　高空槽和高空冷涡

每一次高空槽和高空冷涡活动都代表不同程度的冷空气向南侵入。统计表明，当西来槽或者冷涡低槽位于100°～110°E时，海河流域位于槽前或高空冷涡的东南象限，对产生暴雨最为有利。

2.1.2　副热带高压

副热带高压是影响我国气候大雨带位置的关键系统。7月中旬—8月下旬，副热带高压脊线位于30°N以北，其西侧或北侧气流与西风带系统相互作用，副热带高压脊线的位置、形状、强度均对海河流域暴雨产生直接的影响。利于海河流域暴雨的副热带高压有纬向型和经向型两种基本形态。

纬向型，指副热带高压呈东西向带状分布，此时副热带高压脊线在28°～35°N摆动，副热带高压中心大致位于日本海附近或以南区域。东西向带状副热带高压形势比较稳定，当西风槽东移时可带动低空低涡和暖性切变向东北移动，同时地面倒槽发展或有气旋波形成，均会造成海河流域的暴雨天气过程，此类过程以7月中旬—8月中旬居多。纬向型副热带高压脊线超过35°N，西来槽东移时，则强降水偏北，如遇转竖横槽南压，对强降水非常有利。

经向型，指副热带高压形状不规则，在海上的部分呈块状带状分布，可分析出呈南北向或西北—东南向的副热带高压脊线，脊线位于120°～130°E的东海、黄海和日本海以北范围，一般在35°～55°N。通常西风带有暖高压脊东移与副热带高压西侧合并，导致副热带高压北上加强，经向度加大，形成稳定少动的南北向高压坝，对西来槽和冷涡的东移起到阻挡作用，此类型往往发生在7月下旬—8月上旬（“七下八上”），是副热带高压最为强盛期。

在一些典型的暴雨过程中，随着高空槽、副热带高压强度和位置的演变，副热带高压会从纬向型向经向型转变，其作用会从前期引导高空槽和低空低涡东移，逐渐转变为对系统的阻挡，从增加降水强度和持续时间两方面利于流域性暴雨的产生和发展。

2.1.3　台风或减弱的台风低压

台风直接影响海河流域的过程较少，但台风或减弱的台风低压会对海河流域降水产生间接影响，造成流域局部地区暴雨或大暴雨。台风或减弱的台风低压对海河流域暴雨发生主要有三个方面的作用：首先，在有利的环流形势下台风外围会有大量的水汽输送至海河流域，为暴雨提供必要条件；其次，台风低压环流与高空槽结合，动力辐合抬升效应叠加，有利于上升运动加强，形成强降水；最后，当台风环流北上，对流层中低层暖湿气流形成相对高能区，北方弱冷空气南下会在海河流域形成湿斜压锋生，有利于对流云团发展从而产生暴雨。

2.1.4 低涡

低涡是海河流域暴雨发生时最常伴随的中尺度系统之一。常见的低涡有西北涡，指 700 hPa 上在青海附近的低涡，会随着中高纬度高空槽东移，在其暖切变的南部，有低空急流发展北上，地面有时有气旋波产生。另一类常见的低涡是生成在四川盆地附近的西南涡，一般在副热带高压位置偏东形势下，华北到四川盆地一线为宽槽区，低涡沿着副热带高压西侧北上，随着冷暖空气作用加强，一些西南涡将逐渐演变成斜压性的气旋系统，为海河流域中南部和东部带来暴雨。

2.1.5 低空急流

这里所说的低空急流是指位于 600～900 hPa 水平动量集中的气流带，风速≥12 m/s，也是能量和水汽高度集中的气流带。低空急流是高低纬度大气环流相互作用的产物，也是与暴雨密切相关的重要天气系统，它通常伴随低涡、切变线、台风等系统出现，业务中可利用低空急流的强度判别影响系统的强弱，通过分析急流出口或辐合区的位置指示暴雨的落区。当高空槽前的西南急流、副热带高压西侧的西南急流合并加强，并与副热带高压南侧的东南急流相遇时，通常在海河流域中东部地区产生暴雨过程。

2.2 海河流域暴雨概念模型

通过对海河流域区域性暴雨过程开展天气学分析，将海河流域暴雨天气学概念模型分成三类。第一类，海河流域汛期暴雨与副热带高压的位置、强弱、移动有密切关系，因此绝大多数海河流域暴雨是在中高纬度低槽、低涡与副热带高压的相互作用下发生的，占所有海河流域暴雨过程的 74%。第二类，台风和减弱的台风低压作为主要影响系统的过程占 22%，此类型暴雨过程中副热带高压对台风环流系统也有重要的引导作用。第三类，当副热带高压位置偏南，主要受高空槽的动力强迫作用产生的暴雨过程仅有 3 次，其中 2 次发生在 10 月，1 次发生在 5 月。

2.2.1 低槽低涡与副热带高压配置形势

从前文的天气系统特征分析中可以看出，纬向型副热带高压和经向型副热带高压在海河流域暴雨中发挥的作用不同，两者出现的频率基本相当，分别占暴雨过程总数的 52% 和 48%。高空低槽、低涡与纬向型副热带高压相互作用时，副热带高压呈纬向型带状分布（图 2.1），脊线一般不超过 35°N，呈东西向或者东北—西南向分布，副热带高压西脊点的位置在 115°E 以西，且 120°E 以东无显著向北伸的副热带高压脊线。中低层伴随低涡或低涡切变线，随着低涡及切变线东移，西南急流或偏南急流加强（东南或偏东急流较少），暖切变线及其南侧、急流左前方是暴雨发生的重点区域。地面以低压区或倒槽形势为主，在中层低涡系统东移加强过程中有时会诱发地面气旋发展。

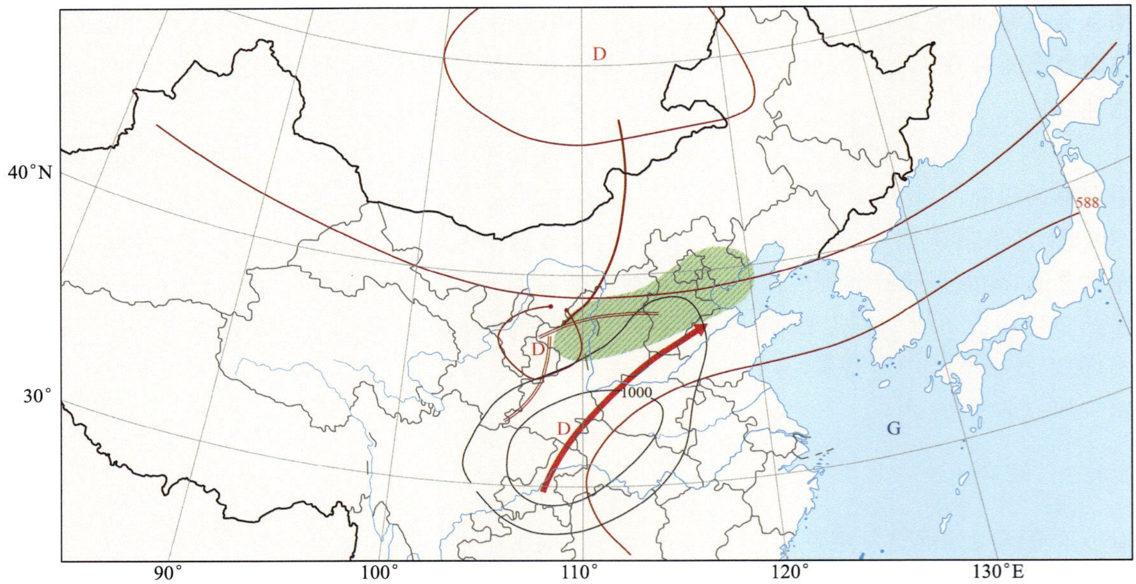

图 2.1　低槽低涡与纬向型副热带高压形势示意图

相对于纬向型副热带高压对上游低空低涡或切变线的引导以及对低空急流形成的关键作用，经向型副热带高压的关键作用在于阻挡中高纬西来系统东移，促使高空槽和低涡系统在海河流域加强从而形成暴雨，这是两者对暴雨形成的本质区别。经向型副热带高压不论副热带高压整体形态如何，但在(120°～130°E，35°N)以北有副热带高压脊的存在(图 2.2)，脊线呈南北向或西北—东南向，对中高纬低槽形成阻滞作用使其增强并可能形成深厚的涡旋系统，强动力抬升作用导致暴雨发生。在这样的形势下，我国中东部地区处于宽阔的槽区，槽前西南气流有利于引导西南涡北上，与冷空气结合形成斜压性质的气旋系统。东部强盛的副热带高压阻

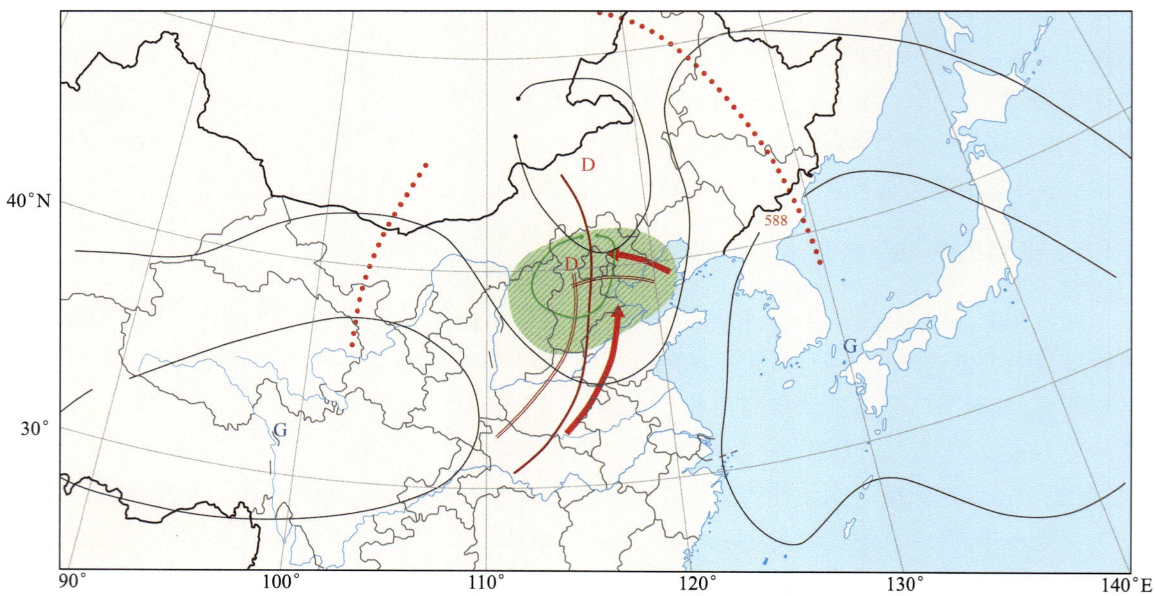

图 2.2　低槽低涡与经向型副热带高压形势示意图

挡也会使海河流域地区偏东气流或东南气流加强并形成急流，在这种形势下存在东风急流或东南急流的过程占此类总数的三分之二，东风急流与偏南急流形成的暖切变线附近发生的对流性局地性暴雨也是形成海河流域暴雨过程的重要组成阶段。

高空槽与经向型副热带高压形势中，如果大陆高压强盛与副热带高压近似结合，使得我国中东部大部分地区处于高压控制下，此时中高纬弱冷空气沿着北伸的大陆高压脊前从东北路不断渗入，与副热带高压西侧的偏南或东南气流在海河流域地区形成涡旋系统并长时间维持，在充足的水汽、有利的不稳定条件以及太行山前地形的增幅作用下，会形成连续数日的暴雨过程。1963 年 8 月 4—9 日、2021 年 7 月 19—22 日海河流域西部大暴雨—特大暴雨过程均在此形势下发生，造成了严重的洪涝灾害。

2.2.2　台风与减弱的台风低压形势

保持独立的台风环流北上并直接影响海河流域的过程较少，受台风尺度限制暴雨影响范围较小，落区与台风路径关系密切(201810“安比”)。影响最大的是台风或减弱的台风低压北上与高空槽结合的类型(图 2.3)，此类型暴雨过程中台风通常在华南或华东沿海登陆，受位置偏东的副热带高压西侧气流引导北上，台风倒槽和台风环流与高空槽结合，增强动力辐合抬升作用。同时，台风环流带来丰沛的水汽和能量也为暴雨的发展提供特别优越的条件。暴雨一般发生在台风倒槽、东南急流辐合处以及台风低压本体周围，此种类型占所有台风或减弱台风的低压影响类型的 75％以上。另有一种减弱的台风低压距离高空槽较远，其环流无法与高空槽在海河流域范围内结合，但其外围气流的水汽输送对暴雨仍有一定程度的贡献(197704“赛洛玛”、199413“嘉莲”)。

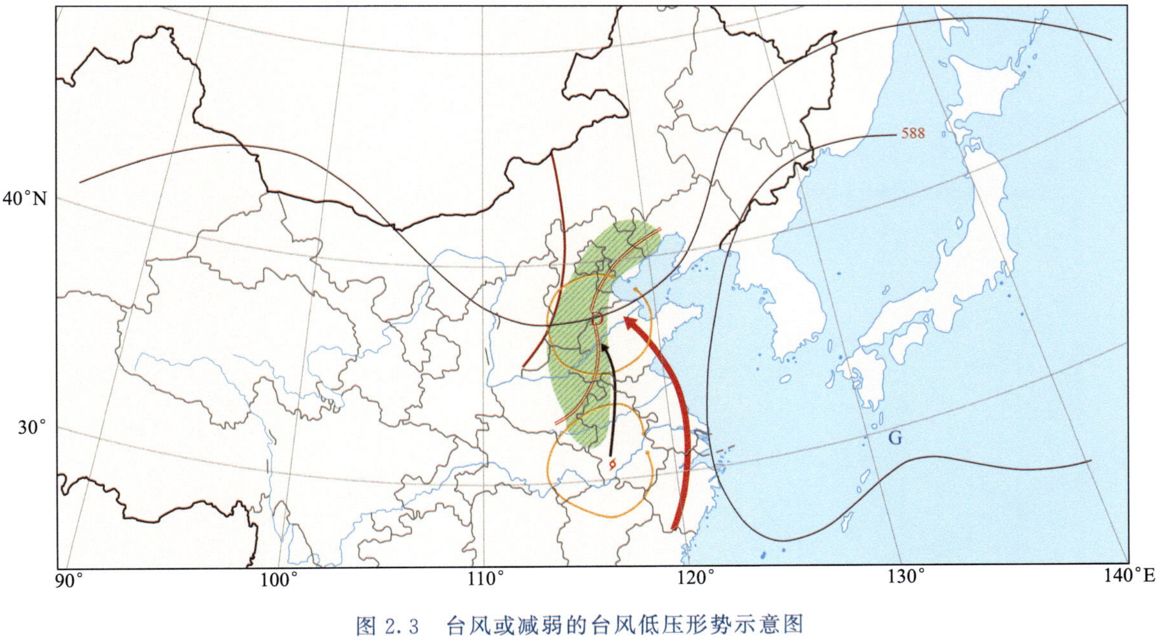

图 2.3　台风或减弱的台风低压形势示意图

第 3 章

海河流域暴雨个例入选标准和说明

3.1　海河流域暴雨个例入选标准

当海河流域有观测记录的全部站点有 20%以上出现 50 mm 或 50 mm 以上降水时，记为一个暴雨过程日。对 1961—2021 年海河流域 169 个气象站逐日降水资料进行筛选，共筛选出 64 个暴雨过程日。

3.2　海河流域暴雨个例分析资料介绍

(1)降水数据

利用 1961 年 1 月 1 日—2021 年 12 月 31 日 169 个气象站逐日 20—20 时降水资料。站点包括乐亭、承德、宽城、唐山、滦县、昌黎、秦皇岛、迁安、迁西、青龙、兴隆、滦平、平泉、隆化、围场、正蓝旗、多伦、北京、密云上甸子、昌平、怀柔、密云、平谷、通州、蓟县、宁河、宝坻、丰宁、赤城、香河、遵化、玉田、大兴、廊坊、武清、汉沽、门头沟、延庆、崇礼、张家口、蔚县、怀安、宣化、怀来、涿鹿、阳原、天镇、大同、浑源、广灵、山阴、平鲁、朔州、宁武、兴和、丰镇、阳高、尚义、左云、大同县、怀仁、应县、房山、固安、涿州、无极、易县、坝县、涞源、文安、河间、任丘、安新、保定、高阳、安国、唐县、阜平、曲阳、定州、灵丘、静海、献县、饶阳、深县、青县、辛集、灵寿、井陉、石家庄、衡水、赞皇、临城、内丘、邢台、曲周、武安、邯郸、磁县、繁峙、代县、五台县豆村、原平、忻州、盂县、阳泉、昔阳、平定、五台山、定襄、平山、新乐、鸡泽、巨鹿、南宫、沧州、盐山、泊头、清河、威县、故城、馆陶、魏县、涉县、安阳、林县、汤阴、淇县、辉县、新乡、获加、修武、武陡、博爱、焦作、卫辉、浚县、滑县、庆云、河口、沾化、利津、惠民县、宁津、德州、吴桥、武城、陵县、商河、临邑、济阳、禹城、夏津、高唐、茌平、冠县、聊城、南乐、阳谷、内黄、清丰、濮阳、西青、北辰、天津、东丽、塘沽、津南、大港。

(2)环流分析资料

ERA5 0.25°×0.25°逐小时 500 hPa、700 hPa 和 850 hPa 位势高度场、水平风场、相对湿度再分析资料，ERA5 0.25°×0.25 °逐小时海平面气压场再分析资料。

第 4 章

海河流域暴雨个例分析

4.1　1961 年 8 月 14 日暴雨

(1)暴雨时段

1961 年 8 月 13 日 20 时—14 日 20 时。

(2)雨情描述

1961 年 8 月 13—14 日，海河流域中南部普降大到暴雨，其中漳卫河南部及徒骇马颊河上游大暴雨。面雨量与雨量分布一致，表现为“南多北少”，漳卫河面雨量达到大暴雨等级(即 61.0 mm≤24 h 面雨量≤149.9 mm，暴雨等级为 31.0 mm≤24 h 面雨量≤60.9 mm)，徒骇马颊河、黑龙港运东、子牙河和海河干流的面雨量达到暴雨，其他河系为中到大雨(图 4.1)。

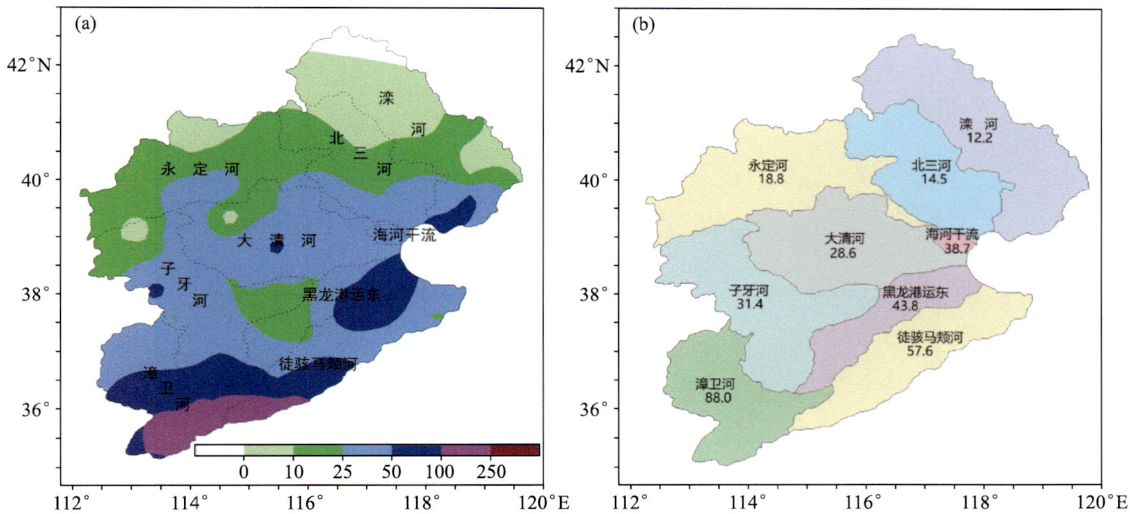

图 4.1　1961 年 8 月 14 日 24 h(a)降雨量和(b)面雨量分布(单位：mm)

(3)形势分析

影响系统——高空槽、副热带高压、低涡、低空急流、地面倒槽。

① 8 月 13 日 08 时—14 日 08 时，位于河套地区的 500 hPa 高空槽自西向东缓慢移动，逐渐影响海河流域。14 日白天，高空槽加深发展，副热带高压略有南撤，海河流域始终位于高空槽前，槽前的正相对涡度平流利于海河流域产生持续的上升运动。

② 700 hPa 和 850 hPa 天气图上，高空槽前正涡度平流造成中低层低涡系统的加强发展。14 日 08 时，低涡中心稳定位于漳卫河上游，低涡东南象限存在较强辐合抬升运动，配合低涡西南急流持续的水汽输送，使海河流域中南部地区降水加强。

③ 地面图上，四川及周围地区的地面气旋系统稳定少动，自 13 日夜间，气旋北部的倒槽系统逐渐向海河流域伸展，倒槽辐合使低层上升运动加强，利于暴雨发生(图 4.2)。

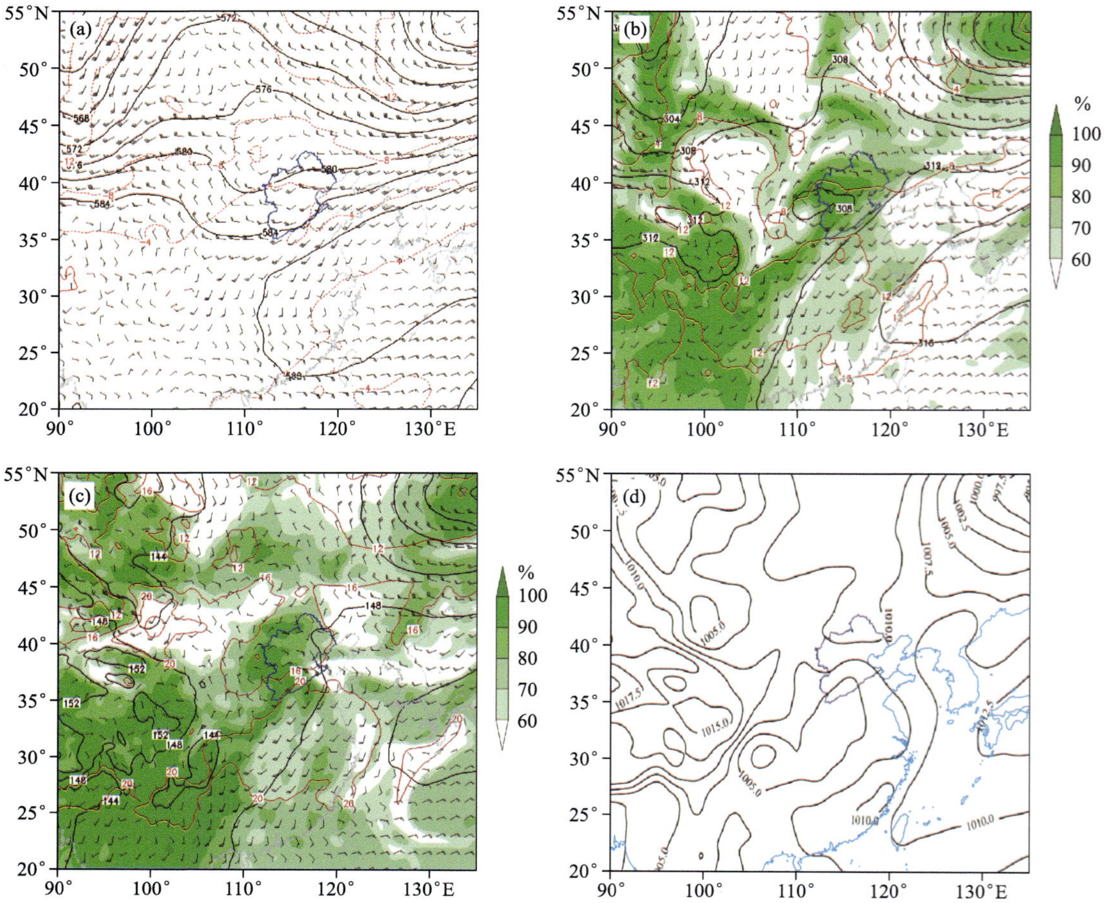

图 4.2 1961 年 8 月 14 日 08 时(a)500 hPa、(b)700 hPa、(c)850 hPa 及(d)地面天气图(高空图中黑线表示位势高度(dagpm)、红线表示温度(℃)、阴影表示相对湿度;地面图中黑线表示海平面气压(hPa),下同)

4.2 1962 年 7 月 25 日暴雨

(1)暴雨时段

1962 年 7 月 24 日 20 时—25 日 20 时。

(2)雨情描述

1962 年 7 月 24—25 日,海河流域中东部出现暴雨到大暴雨,其中滦河中下游、北三河中下游、大清河下游、海河干流及黑龙港运东下游出现大暴雨,黑龙港运东中上游、徒骇马颊河大部分地区出现大到暴雨。海河干流、滦河、北三河、黑龙港运东、徒骇马颊河的面雨量达到暴雨或大暴雨,其他河系面雨量为中到大雨(图 4.3)。

(3)形势分析

影响系统——蒙古冷涡低槽、减弱台风、低空急流、台风低压倒槽。

① 7 月 24—25 日,500 hPa 副热带高压呈南北走向,受副热带高压阻挡,蒙古冷涡稳定位

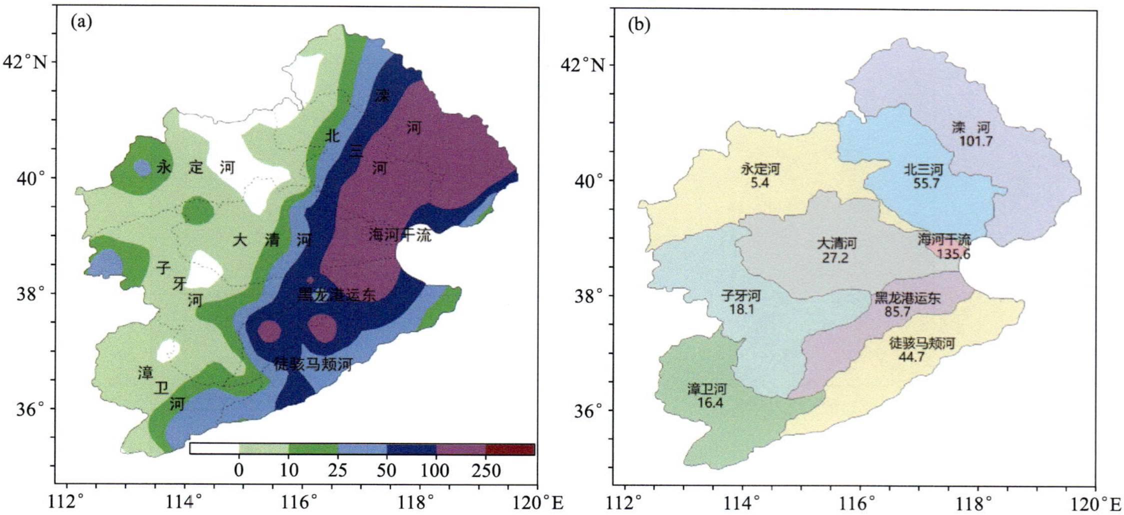

图 4.3　1962 年 7 月 25 日 24 h(a)降雨量和(b)面雨量分布(单位:mm)

于中蒙交界,海河流域中北部地区受蒙古冷涡底部高空槽影响,此时登陆减弱的台风(196205“凯特”)低压环流沿副热带高压西侧偏南气流北上。25 日 08 时,台风环流与蒙古冷涡低槽合并,形成深厚的高空槽,流域中东部地区位于合并加深的高空槽前,上升运动显著增加。

② 7 月 25 日 08 时,700 hPa 和 850 hPa 台风环流与低槽系统合并略加强,在黄淮地区仍存在闭合的低压环流中心,其北侧的倒槽切变线持续影响海河流域中东部地区,造成强烈的辐合抬升,同时台风环流与东部高压之间形成明显的偏南低空急流强水汽输送带,为暴雨发生提供必要条件。

③ 7 月 25 日 08 时地面图上,台风环流中心位于安徽北部,北侧台风倒槽位于海河流域中东部,有利于低层动力抬升作用增强(图 4.4)。

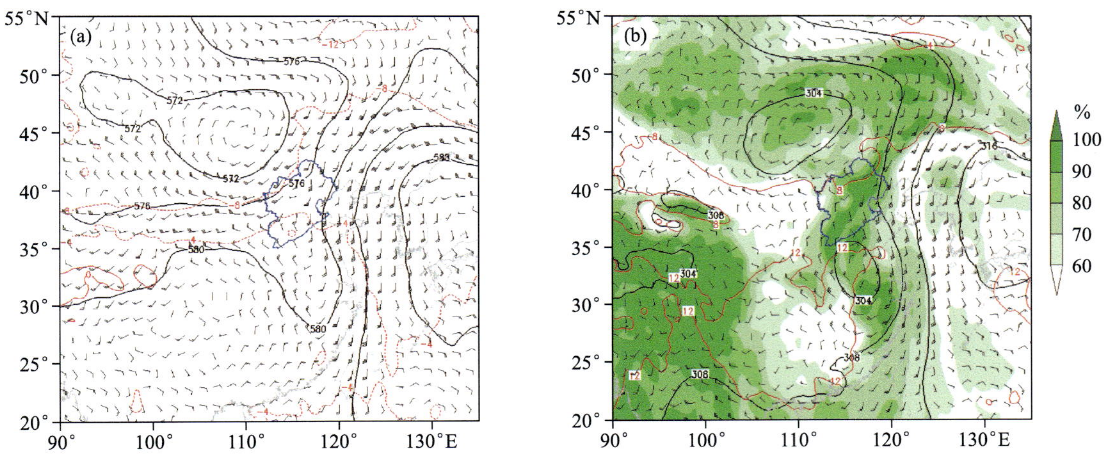

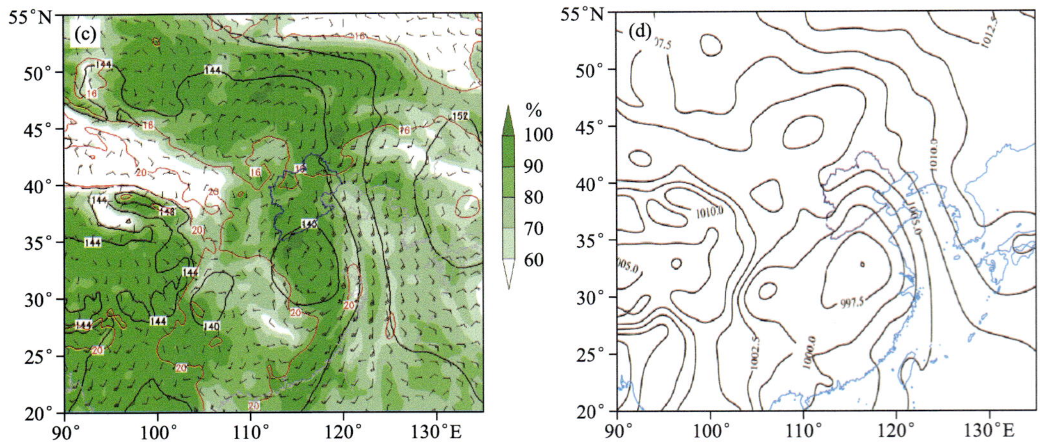

图 4.4　1962 年 7 月 25 日 08 时(a)500 hPa、(b)700 hPa、(c)850 hPa 及(d)地面天气图

4.3　1963 年 8 月 4—9 日暴雨

(1)暴雨时段

1963 年 8 月 3 日 20 时—9 日 20 时。

(2)雨情描述

1963 年 8 月 3—7 日，海河流域中西部出现暴雨到大暴雨，局地特大暴雨，其中子牙河、大清河出现大暴雨、4 日和 7 日分别在子牙河和大清河局地出现特大暴雨。子牙河面雨量为大暴雨，大清河除 4 日外，面雨量均为暴雨到大暴雨，漳卫河和黑龙港运东面雨量为大到暴雨，流域其他地区面雨量以小到中雨为主(图 4.5～图 4.8)。

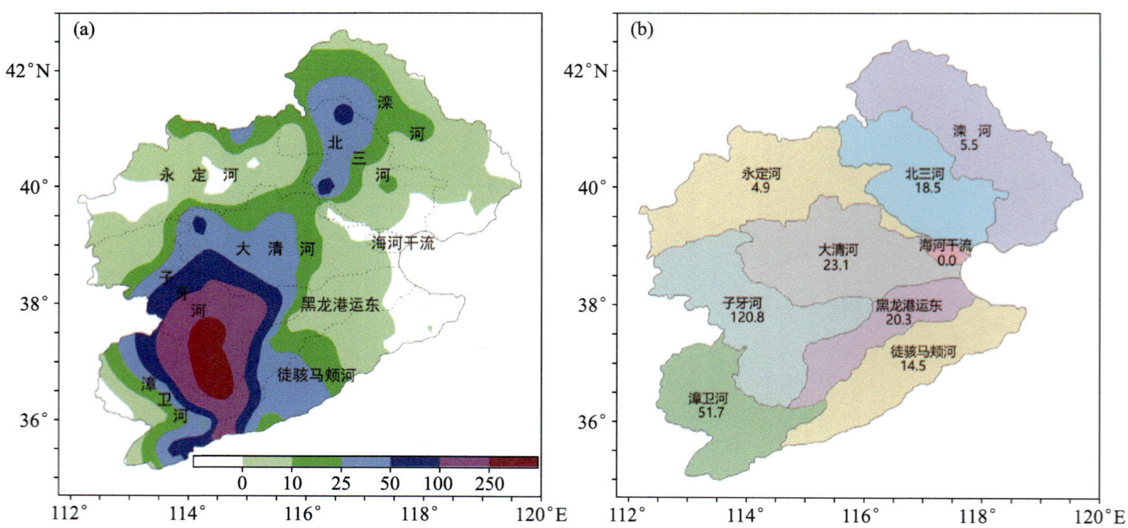

图 4.5　1963 年 8 月 4 日 24 h(a)降雨量和(b)面雨量分布(单位：mm)

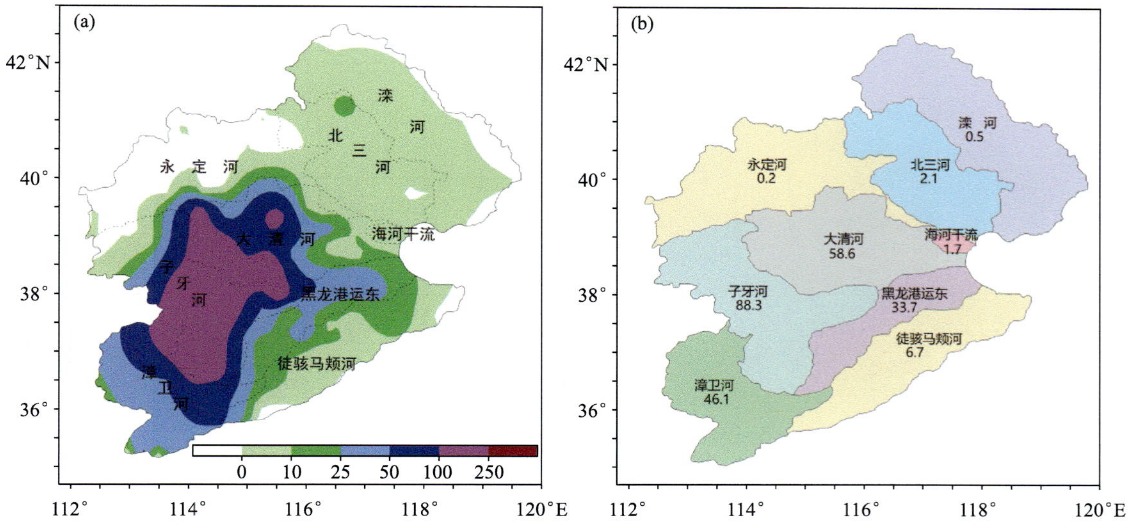

图 4.6　1963 年 8 月 5 日 24 h(a)降雨量和(b)面雨量分布(单位:mm)

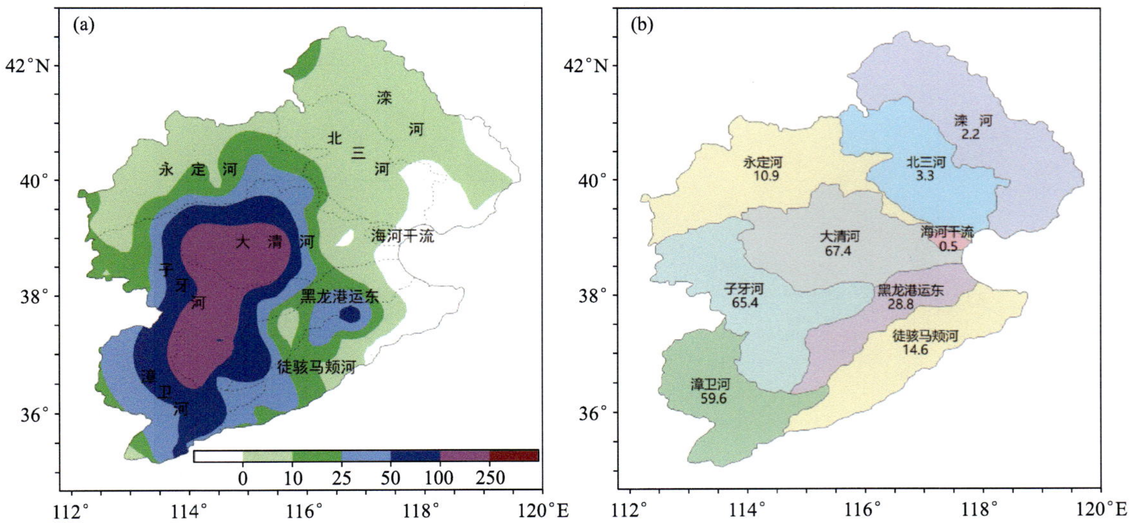

图 4.7　1963 年 8 月 6 日 24 h(a)降雨量和(b)面雨量分布(单位:mm)

8—9 日,暴雨区域向东北扩展,除漳卫河、子牙河和大清河仍出现暴雨之外,滦河上游、北三河中上游也出现大到暴雨,局地大暴雨。漳卫河、大清河和北三河的面雨量达暴雨或大暴雨,子牙河、永定河和滦河面雨量为中到大雨,其他子河系面雨量为小到中雨(图 4.9～图 4.11)。

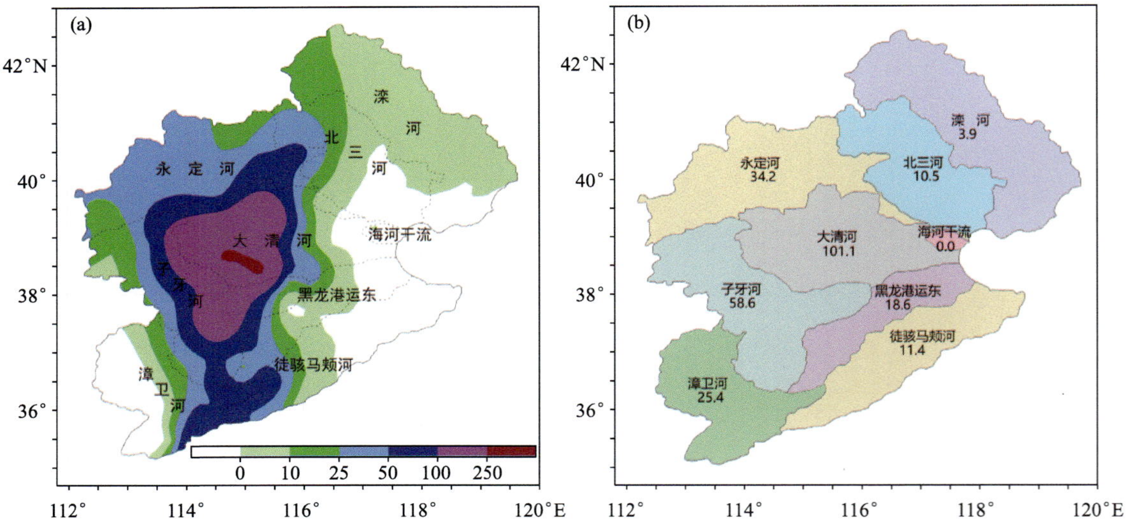

图 4.8　1963 年 8 月 7 日 24 h(a)降雨量和(b)面雨量分布(单位:mm)

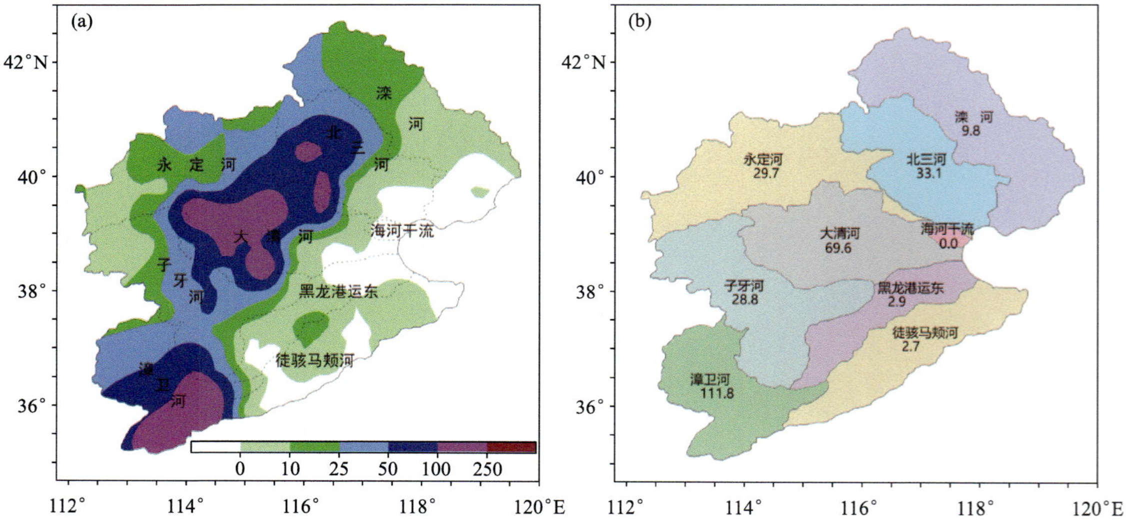

图 4.9　1963 年 8 月 8 日 24 h(a)降雨量和(b)面雨量分布(单位:mm)

(3)形势分析

① 8 月 4 日的影响系统——高空槽、低涡。

8 月 3—4 日,中纬度整体环流呈“两高一低”形势,西部大陆高压与东部副热带高压势均力敌,海河流域处于两高中间相对低压区。4 日 08 时,海河流域上空 500 hPa 短波槽发展,与流域西南部(两高中间)低涡系统合并,形成深厚的涡旋系统。流域中西部位于深厚涡旋系统的东南象限,涡旋系统稳定少动,为暴雨发生提供了有利的动力条件。涡旋系统的暖切变线北侧偏东风正面遇到太行山,山前抬升作用有利于降水增加。地面图上,河南省中部存在闭合低

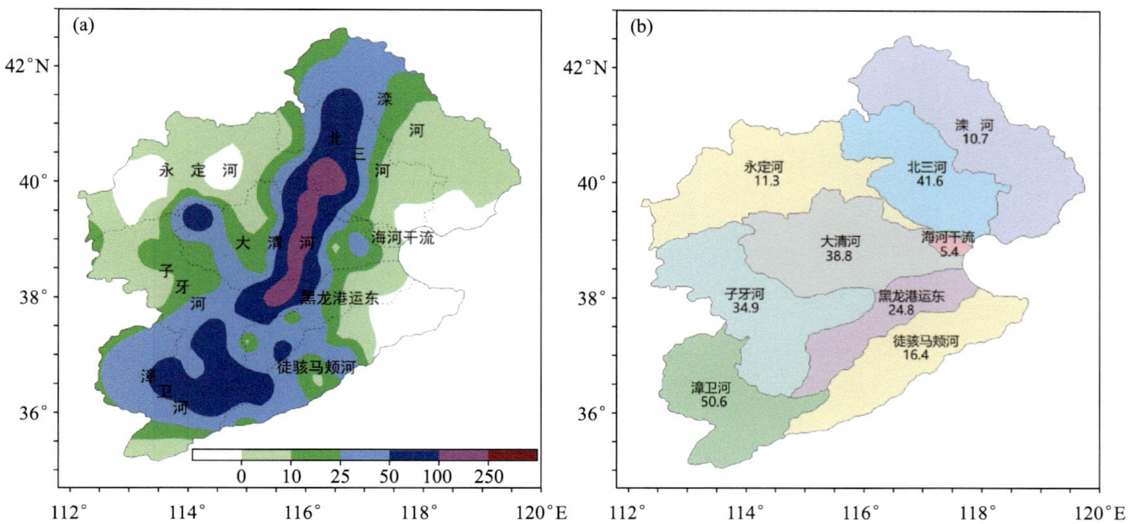

图 4.10 1963 年 8 月 9 日 24 h(a)降雨量和(b)面雨量分布(单位:mm)

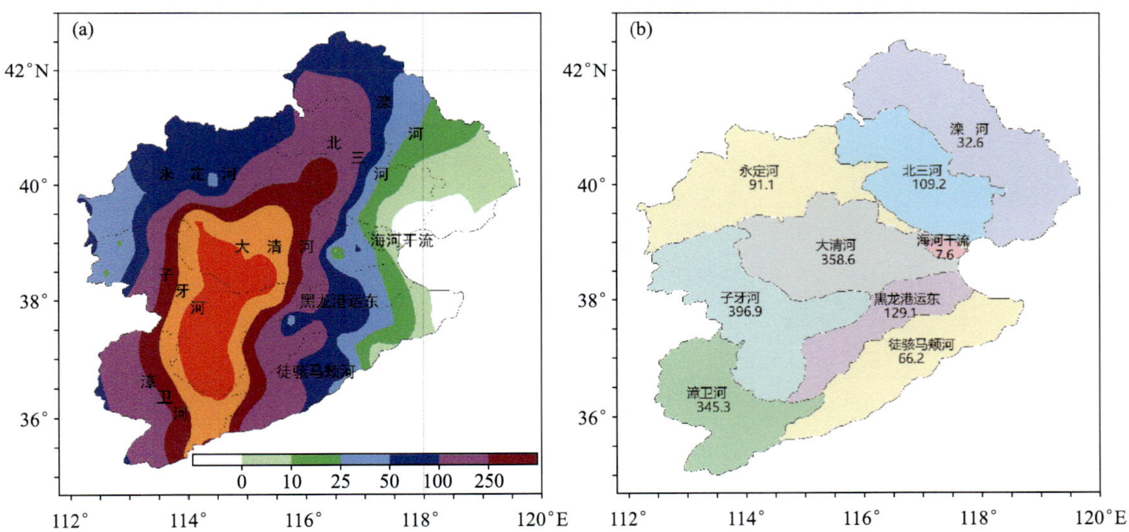

图 4.11 1963 年 8 月 4—9 日(a)降雨量和(b)面雨量分布(单位:mm)

压中心,其北侧倒槽位于流域西南部,有利于低层抬升作用增强(图 4.12)。

② 8 月 5 日的影响系统——高空槽、低涡。

8 月 5 日海河流域西南部深厚的低涡系统稳定维持,低层偏东气流遇太行山的抬升作用持续,地面低压系统有所减弱,但低压北侧倒槽辐合区仍作用在流域西南部,使得流域西南部暴雨—大暴雨持续(图 4.13)。

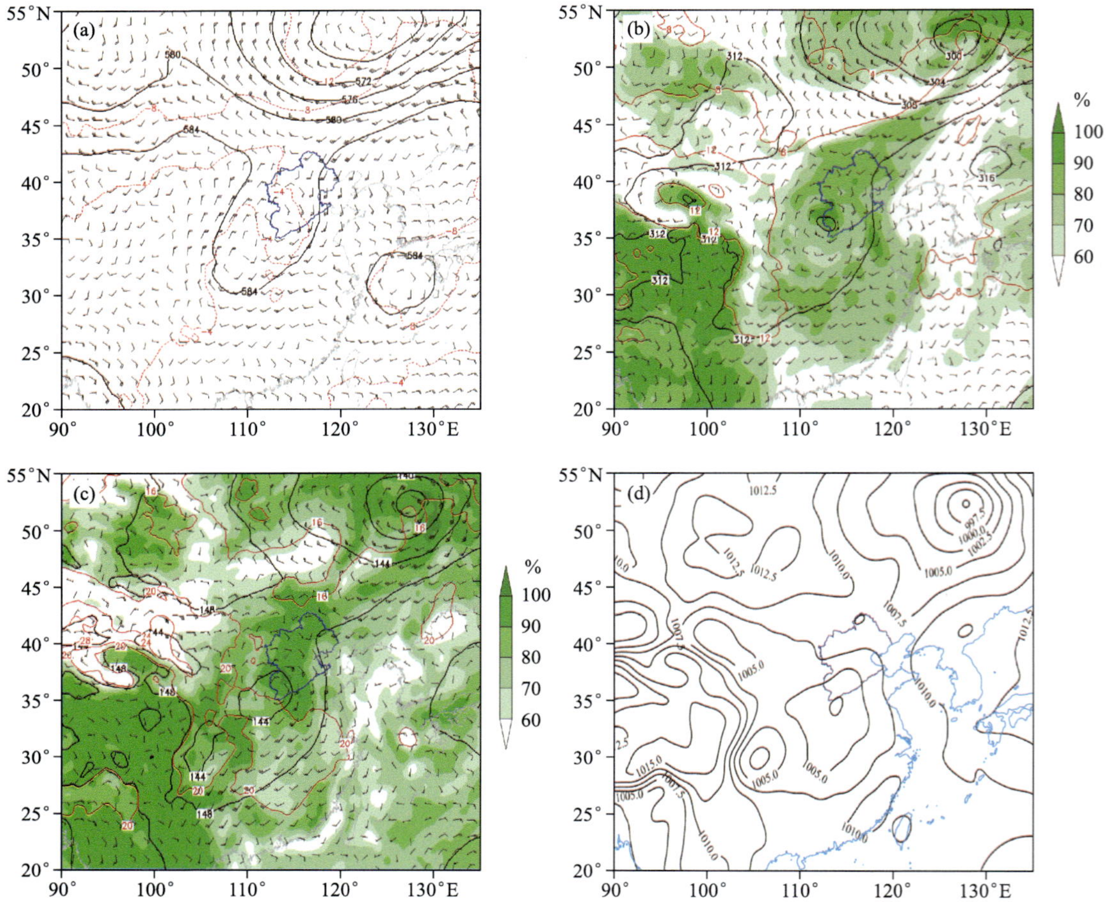

图 4.12　1963 年 8 月 4 日 08 时(a)500 hPa、(b)700 hPa、(c)850 hPa 及(d)地面天气图

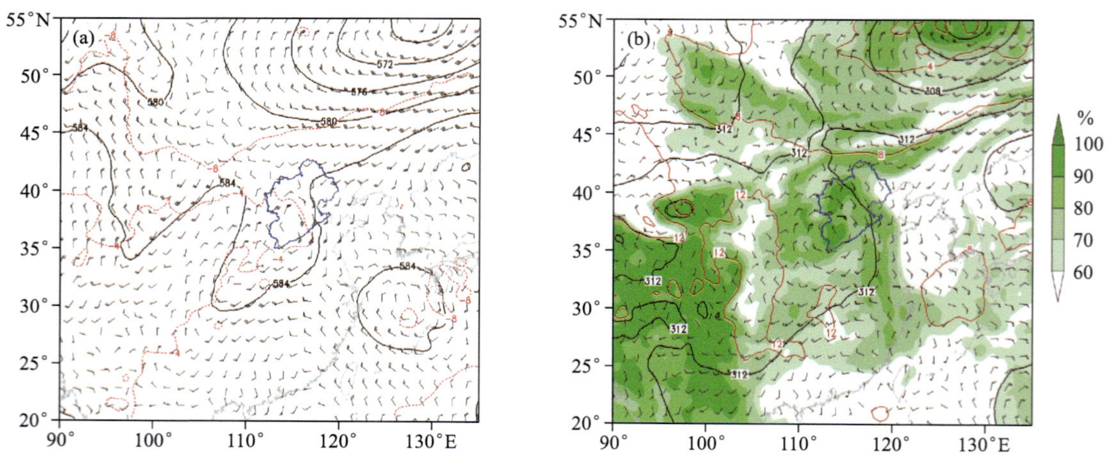

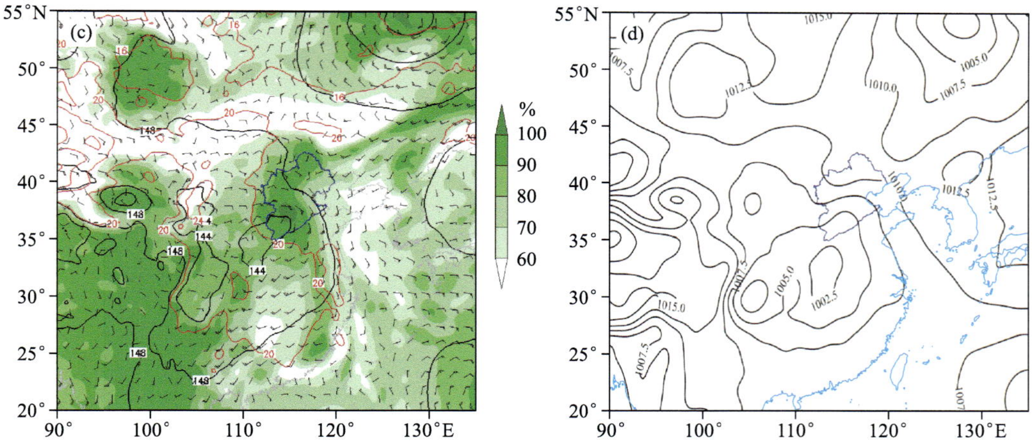

图 4.13　1963 年 8 月 5 日 08 时(a)500 hPa、(b)700 hPa、(c)850 hPa 及(d)地面天气图

③ 8 月 6 日的影响系统——低涡。

8 月 6 日 08 时，500 hPa 高空槽北缩，但海河流域西南部气旋性环流仍在，相较于 8 月 4—5 日整体形势变化不大。从 500 hPa 到 850 hPa 深厚的涡旋系统仍然稳定维持。地面图上，低压系统进一步减弱，流域南部仍受低压倒槽系统影响(图 4.14)。

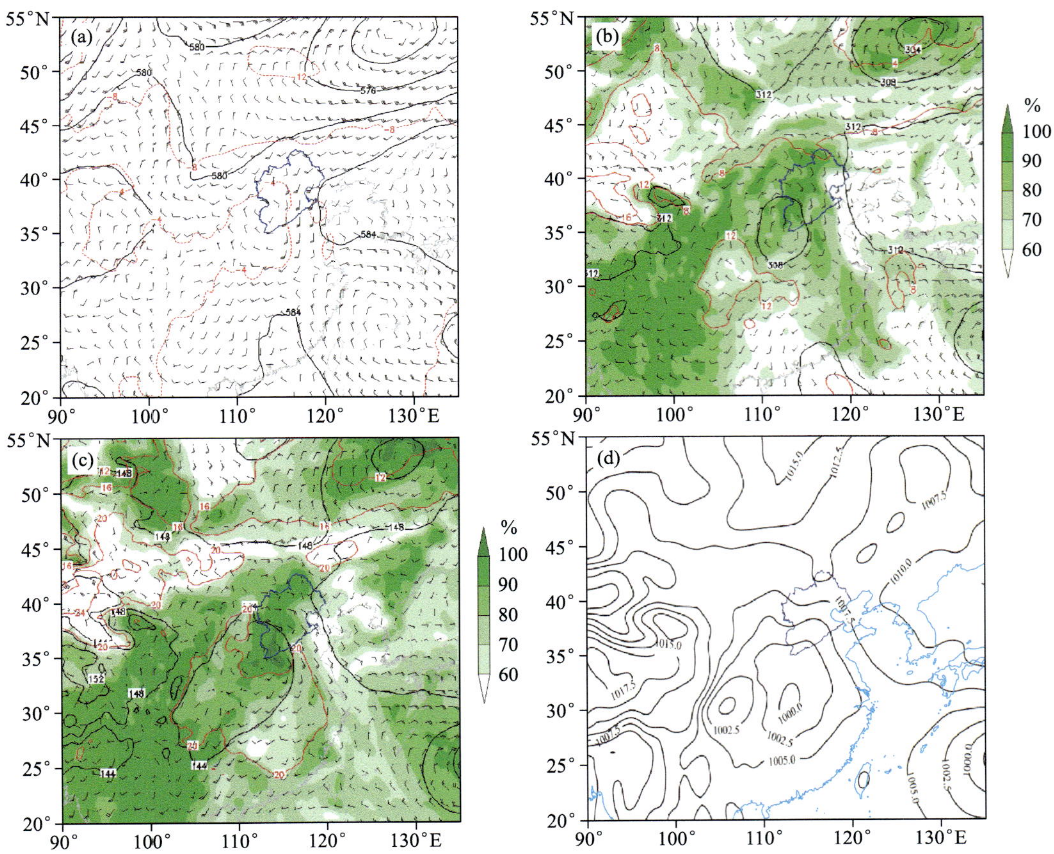

图 4.14　1963 年 8 月 6 日 08 时(a)500 hPa、(b)700 hPa、(c)850 hPa 及(d)地面天气图

④ 8 月 7 日的影响系统——高空槽、低涡。

8 月 7 日，大陆高压前侧的弱冷空气渗透，500 hPa 高空槽加深，但副热带高压与大陆高压对峙的形势维持，深厚涡旋系统仍持续影响海河流域西南地区，偏东风受地形阻挡对降水的增幅作用仍然存在。地面低压倒槽仍然影响着流域西南部(图 4.15)。

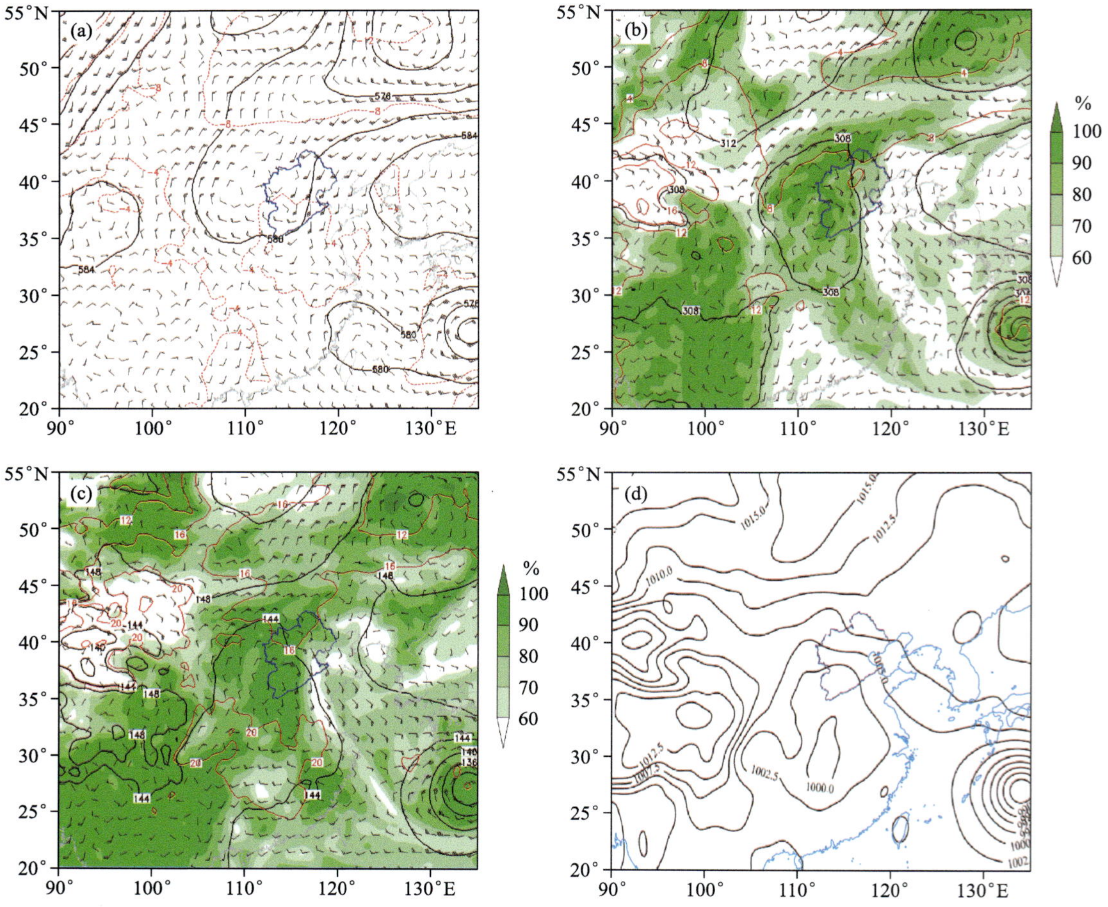

图 4.15　1963 年 8 月 7 日 08 时(a)500 hPa、(b)700 hPa、(c)850 hPa 及(d)地面天气图

⑤ 8 月 8 日的影响系统——东北冷涡低槽、低涡。

8 月 8 日 08 时，由于东北冷涡后部持续冷空气的补充，500 hPa 高空槽略有加深发展。同时受台风影响，副热带高压呈东西走向稳定位于黄海至日本海上，副热带高压西脊点略有西进。由于高空槽和副热带高压相对位置的变化，中低层低涡系统形态在经向上拉长，低涡前侧以偏南急流为主，这就导致急流出口区北抬，对应暴雨区向东北扩展，在偏南急流作用下，太行山地形作用消失，但燕山与太行山交界处的地形对降水的增幅作用显著增加。地面图上，低压倒槽系统有所减弱，仍持续影响流域中部(图 4.16)。

⑥ 8 月 9 日的影响系统——东北冷涡低槽、低涡切变线。

8 月 9 日天气形势较前一日变化不大，但副热带高压系统与高空槽略有增强，表现为两者之间的西南风显著增强，最大风速由 10 m/s 增大到 18 m/s，有利于引导深厚的涡旋系统向东

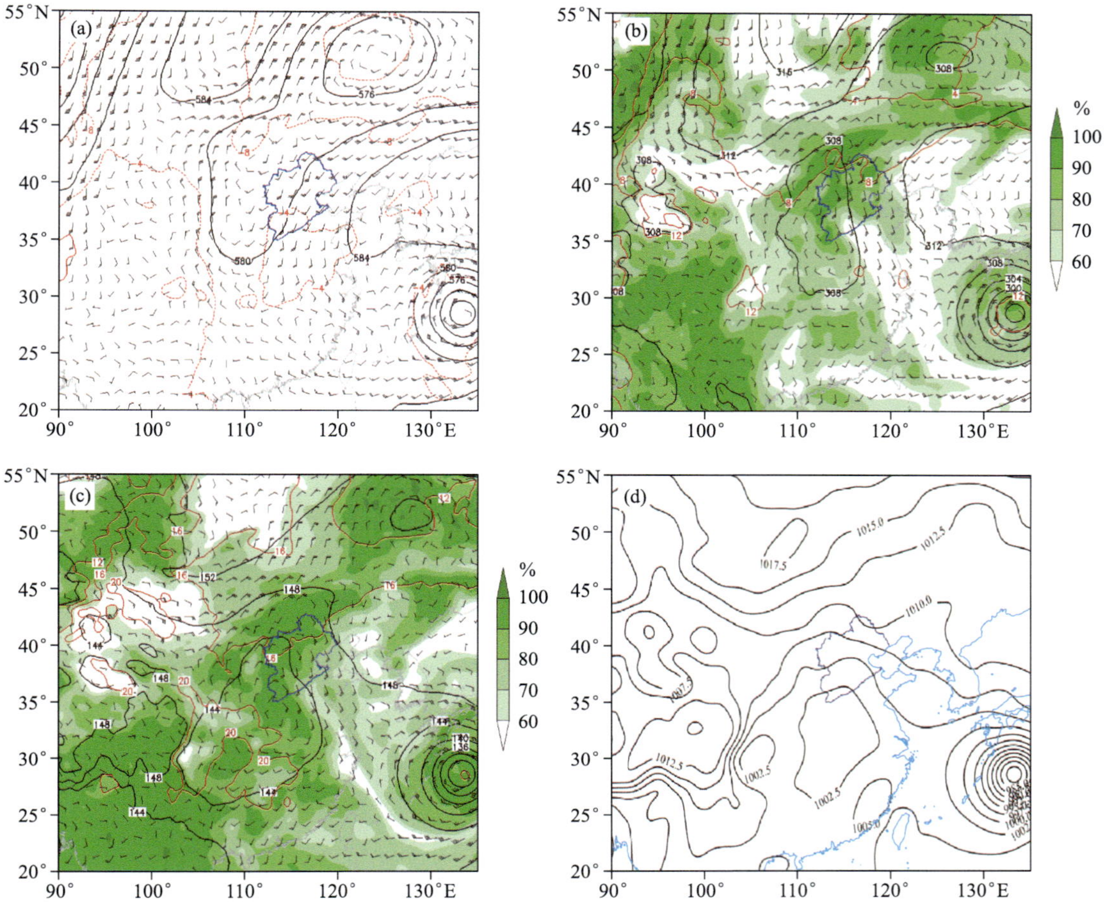

图 4.16　1963 年 8 月 8 日 08 时(a)500 hPa、(b)700 hPa、(c)850 hPa 及(d)地面天气图

北方向移动，促使暴雨区逐渐向北扩展。低层低涡系统逐渐减弱，低涡切变线转成南北向和东北—西南向的冷切变线，切变线的辐合抬升作用有利于暴雨产生。地面图上，低压倒槽系统略向东北移动(图 4.17)。

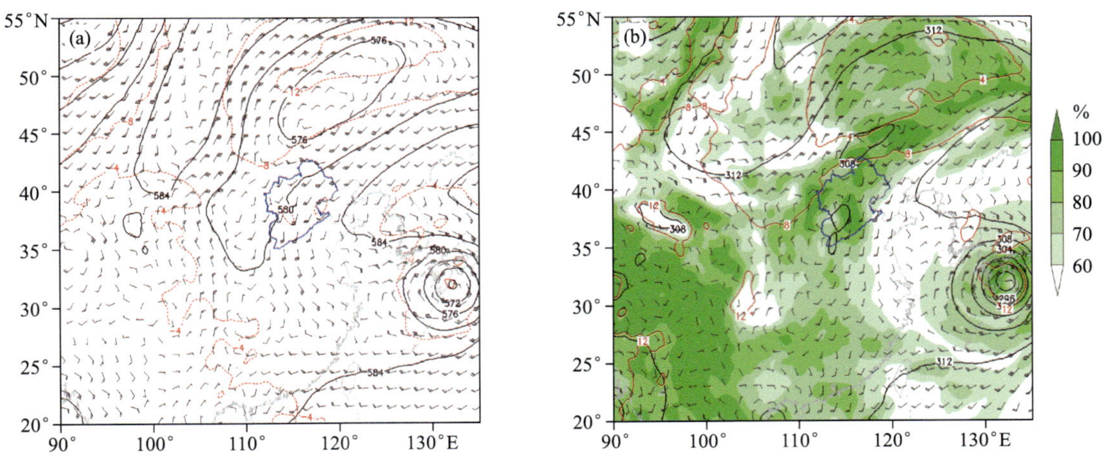

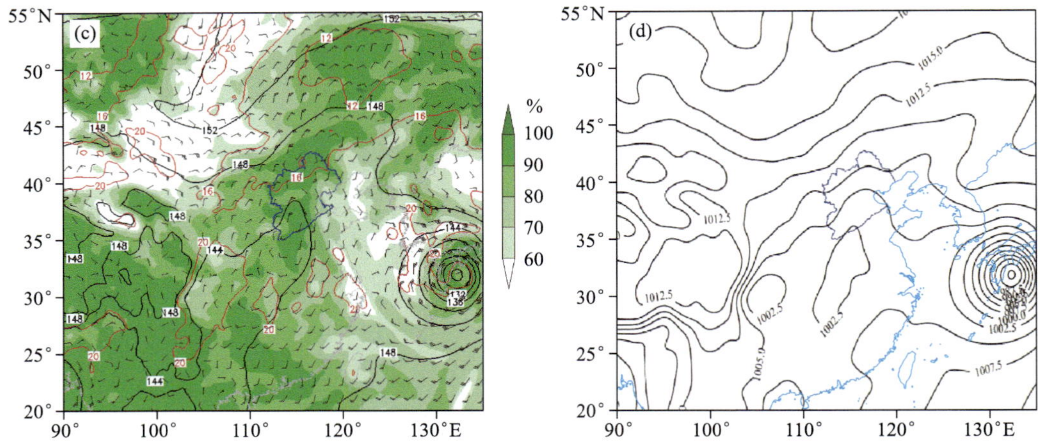

图 4.17　1963 年 8 月 9 日 08 时(a)500 hPa、(b)700 hPa、(c)850 hPa 及(d)地面天气图

4.4　1964 年 8 月 1 日暴雨

(1)暴雨时段

1964 年 7 月 31 日 20 时—8 月 1 日 20 时。

(2)雨情描述

1964 年 7 月 31 日—8 月 1 日海河流域中东部出现大到暴雨，局地大暴雨，其中北三河、永定河东部、大清河中东部出现暴雨到大暴雨。北三河、大清河、海河干流、黑龙港运东及徒骇马颊河的面雨量达到暴雨或大暴雨，其他子河系的面雨量为大雨(图 4.18)。

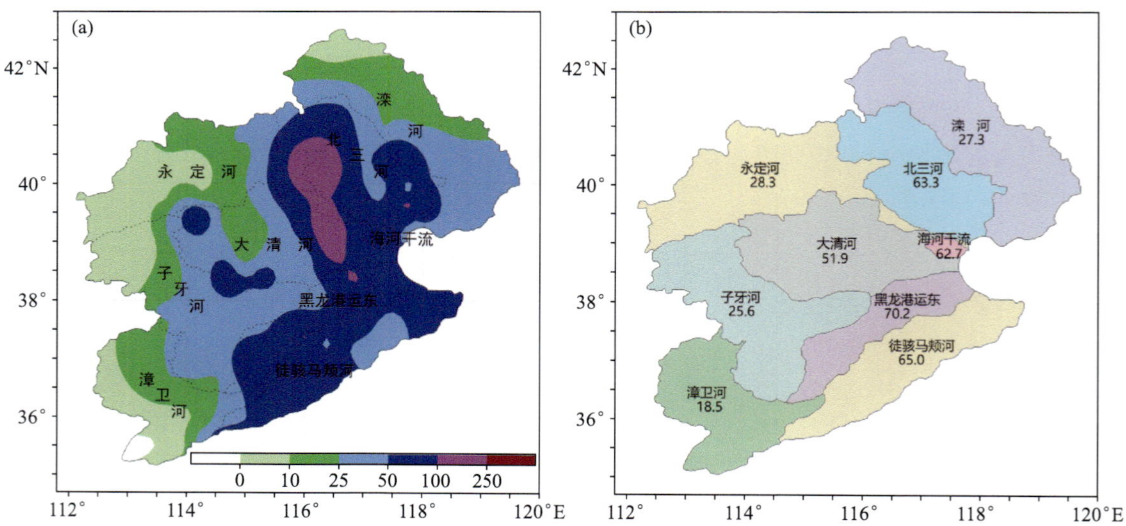

图 4.18　1964 年 8 月 1 日 24 h(a)降雨量和(b)面雨量分布(单位：mm)

(3)形势分析

影响系统——高空冷涡、副热带高压、低涡及切变线、低空急流。

① 8 月 1 日 08—20 时，中高纬“两脊一槽”形势加强，切断华北冷涡，海河流域位于冷涡东南象限。同时受台风影响，下游副热带高压稳定维持在日本海，形成阻挡形势，造成海河流域持续性强降水。

② 8 月 1 日 08—20 时，受高空槽前及副热带高压西侧偏南气流的共同影响，700 hPa 和 850 hPa 低涡系统缓慢北上，自南向北持续影响海河流域中东部地区，配合低涡前方持续的东南偏南风低空急流暖湿气流的输送以及急流前侧的辐合作用，海河流域中部出现暴雨到大暴雨，降水中心主要位于低涡及低涡切变线附近。

③ 8 月 1 日 08—20 时地面图上，气旋逐渐北移，影响海河流域中东部地区(图 4.19)。

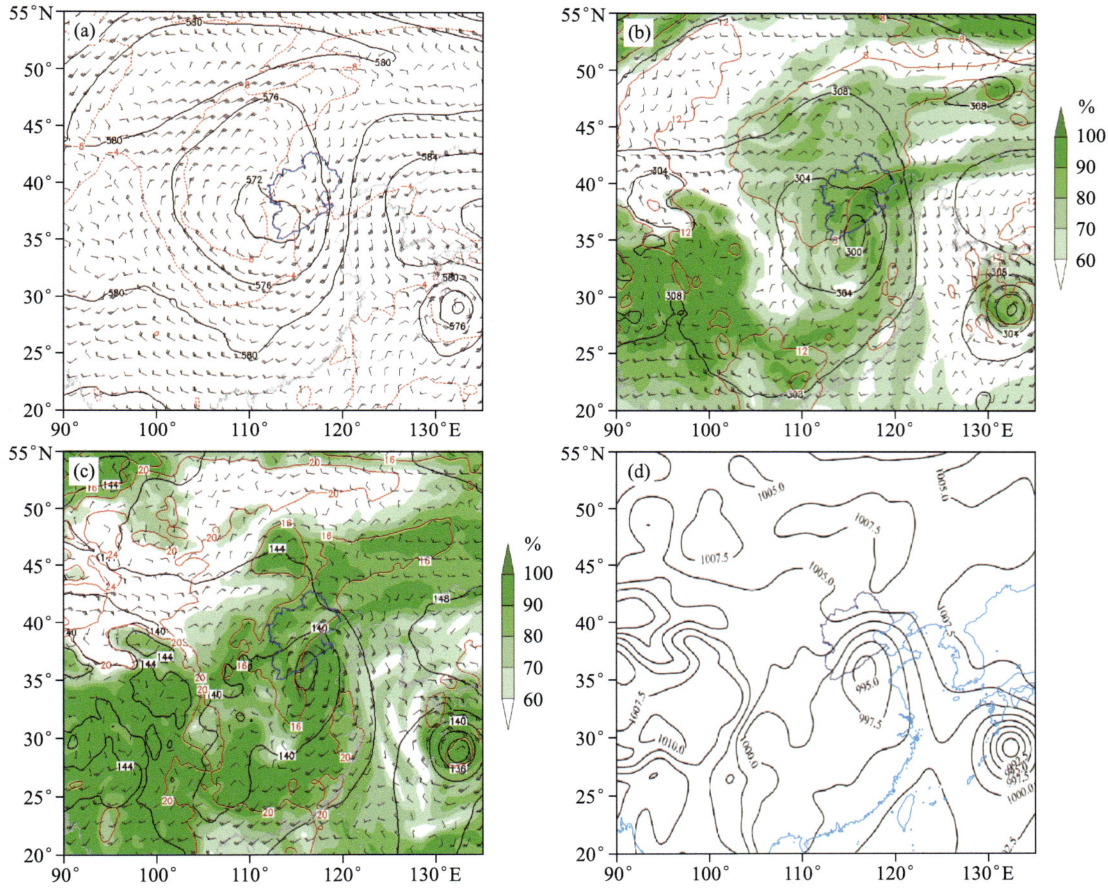

图 4.19 1964 年 8 月 1 日 08 时(a)500 hPa、(b)700 hPa、(c)850 hPa 及(d)地面天气图

4.5 1964 年 8 月 13 日暴雨

(1)暴雨时段

1964 年 8 月 12 日 20 时—13 日 20 时。

(2)雨情描述

1964 年 8 月 12—13 日，海河流域中北部出现大到暴雨，局地大暴雨，其中滦河中下游、北三河中下游、大清河出现暴雨到大暴雨。滦河、北三河、海河干流、永定河面雨量达到暴雨，大清河面雨量达大暴雨，其他子河系的面雨量为小到中雨(图 4.20)。

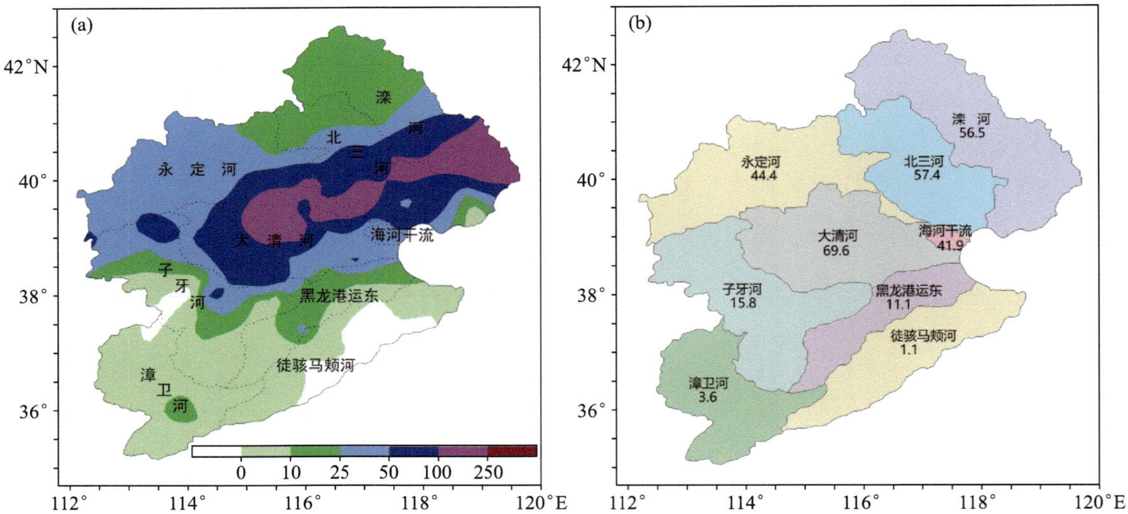

图 4.20　1964 年 8 月 13 日 24 h(a)降雨量和(b)面雨量分布(单位:mm)

(3)形势分析

影响系统——高空槽、副热带高压、低涡切变线。

① 8 月 12 日 20 时—13 日 08 时，500 hPa 高空槽自西向东移动，受冷空气影响，副热带高压在此期间略有南撤，暴雨主要发生在高空槽前与副热带高压之间的地区。

② 8 月 12 日 20 时—13 日 08 时，受高空槽引导气流影响，700 hPa 西北涡东移加强，低涡暖切变线和冷切变线先后影响海河流域中北部地区。随着高空槽移动，低涡东南象限西南急流加强，为海河流域中北部持续输送暖湿气流，急流出口区的辐合以及燕山地形的阻挡对降水都有一定的增幅作用。

③ 8 月 12 日 20 时—13 日 08 时地面图上，受冷暖空气共同作用，有锋面气旋形成并加强，气旋前侧上升运动区与暴雨区一致(图 4.21)。

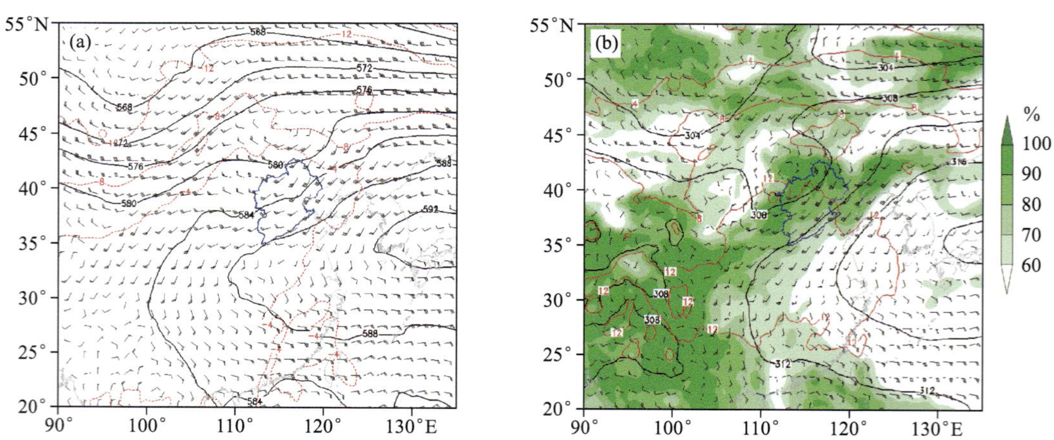

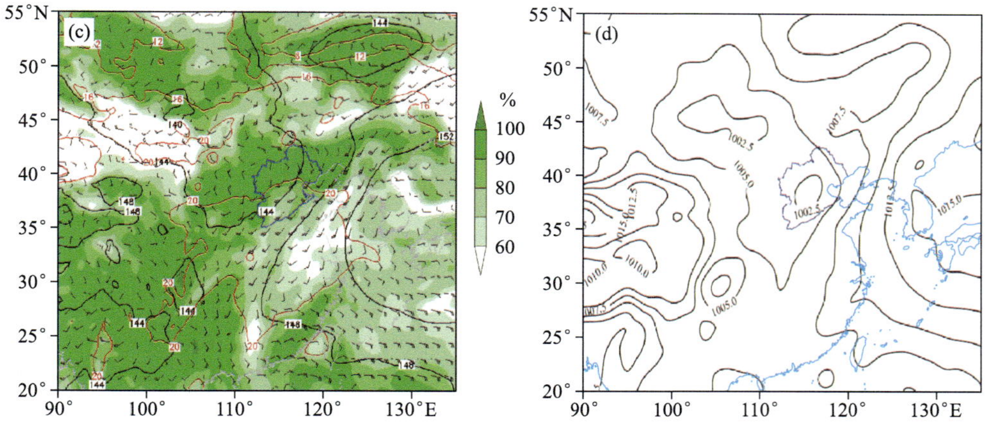

图 4.21　1964 年 8 月 13 日 08 时(a)500 hPa、(b)700 hPa、(c)850 hPa 及(d)地面天气图

4.6　1964 年 9 月 12 日暴雨

(1)暴雨时段

1964 年 9 月 11 日 20 时—12 日 20 时。

(2)雨情描述

1964 年 9 月 11—12 日，海河流域东北部及中南部出现大到暴雨，个别站大暴雨，其中黑龙港运东、子牙河中南部、徒骇马颊河中上游出现暴雨，个别站大暴雨。子牙河、黑龙港运东和徒骇马颊河的面雨量达到暴雨，其他地区为中到大雨(图 4.22)。

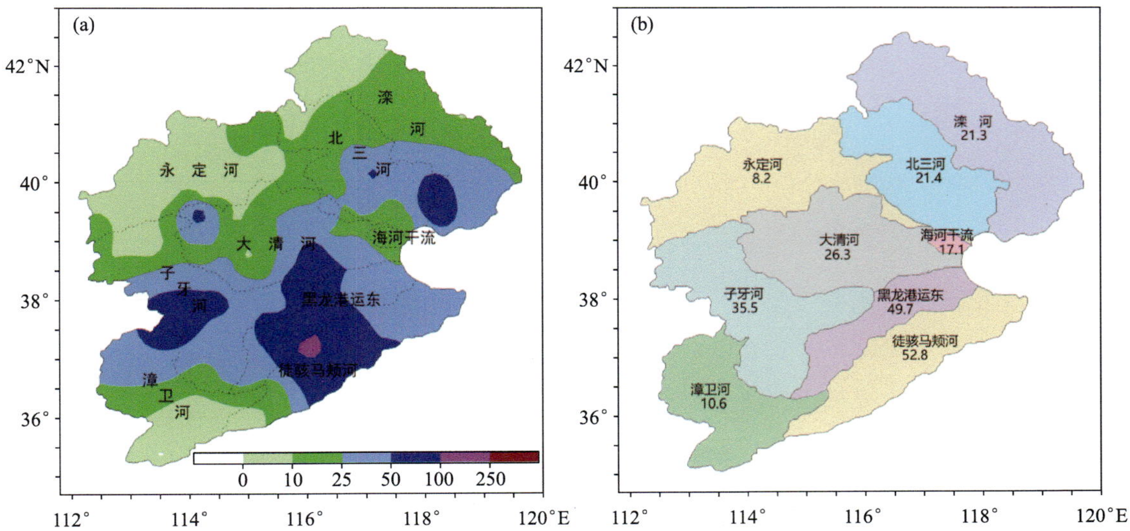

图 4.22　1964 年 9 月 12 日 24 h(a)降雨量和(b)面雨量分布(单位:mm)

(3)形势分析

影响系统——高空槽、副热带高压、切变线、低空急流。

① 11—12 日，副热带高压经历了先北抬后南撤的演变过程。11 日白天，副热带高压北抬，海河流域中南部位于副热带高压边缘高温高湿的环境中，有利于出现局地对流性降水。11 日夜间，受冷涡低槽影响，副热带高压南撤，弱冷空气过境触发海河流域中南部强降水。

② 12 日 08 时 700 hPa 和 850 hPa 天气图上，东北路冷空气侵入，与副热带高压北侧的西南气流形成东西向的低涡切变线，处于海河流域中南部，切变线以南西南风低空急流加强，沿副热带高压外围将暖湿空气输送至海河流域中南部，配合高空弱冷空气的侵入，形成热力不稳定层结，利于对流性暴雨的发生。

③ 12 日 08 时地面图上，气压场较弱，无明显气旋活动（图 4.23）。

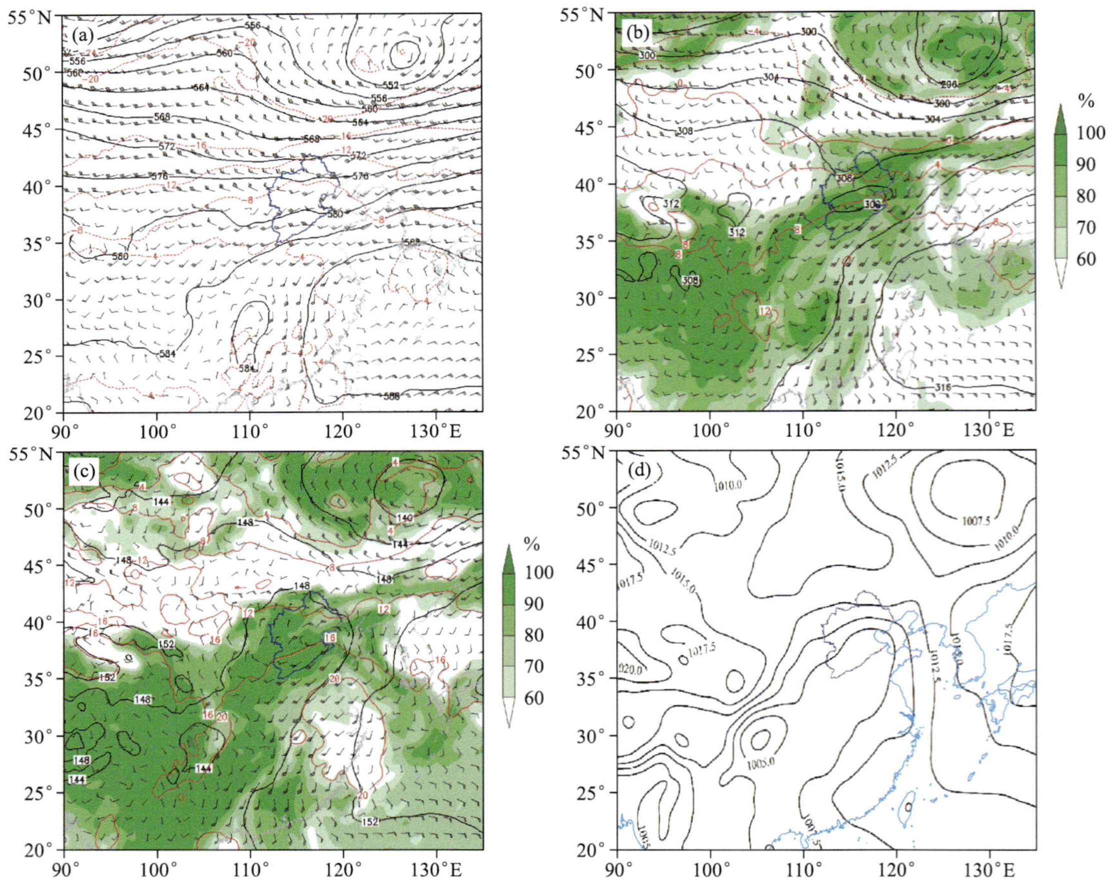

图 4.23　1964 年 9 月 12 日 08 时(a)500 hPa、(b)700 hPa、(c)850 hPa 及(d)地面天气图

4.7　1967 年 8 月 20 日暴雨

(1)暴雨时段

1967 年 8 月 19 日 20 时—20 日 20 时。

(2)雨情描述

1967 年 8 月 19—20 日，海河流域东北部出现暴雨到大暴雨，个别站特大暴雨，其中滦河中下游、北三河中下游、海河干流、大清河东北部出现大暴雨，个别站特大暴雨。北三河、海河干流面雨量达到大暴雨，滦河、永定河、大清河面雨量达到大到暴雨(图 4.24)。

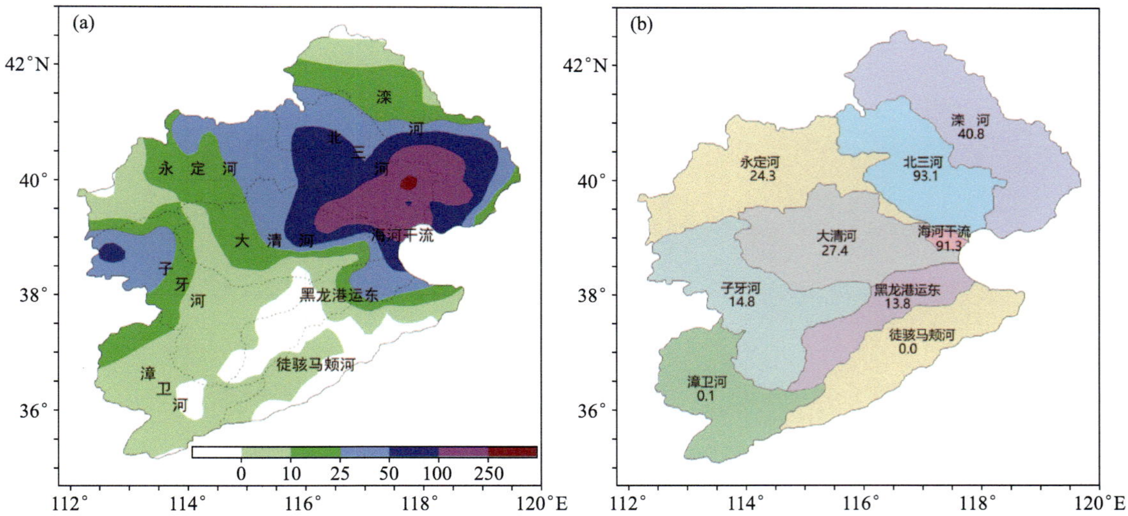

图 4.24　1967 年 8 月 20 日 24 h(a)降雨量和(b)面雨量分布(单位：mm)

(3)形势分析

影响系统——蒙古冷涡低槽、切变线、低空急流。

① 19 日 20 时—20 日 20 时，副热带高压势力强盛，蒙古冷涡受副热带高压阻挡向东北方向移动，影响海河流域的高空槽偏北。

② 19 日 20 时—20 日 20 时，中低层冷涡切变线自西向东划过海河流域中北部，整层系统形成前倾结构，有利于对流云团发展。由于副热带高压脊的阻挡，切变线前侧偏南气流加强形成低空急流，急流左前方辐合抬升作用显著，同时低空急流对水汽的输送有利于海河流域东北部暴雨的发生。

③ 20 日 08 时地面图上，蒙古气旋强烈发展并缓慢东移，海河流域中北部位于蒙古气旋冷锋底部(图 4.25)。

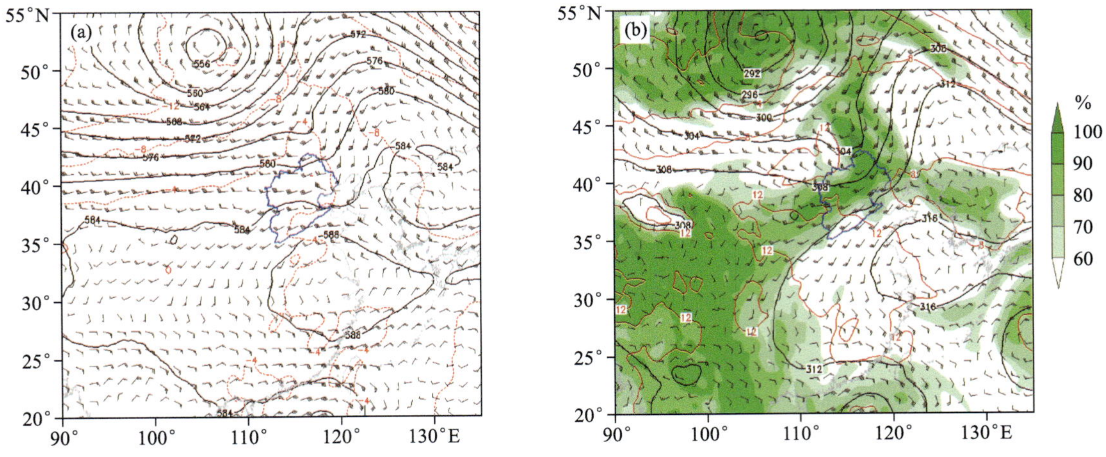

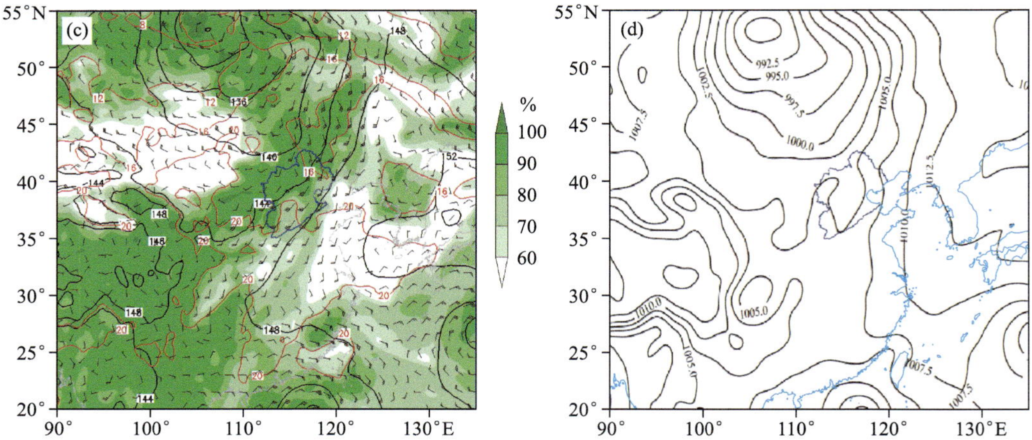

图 4.25　1967 年 8 月 20 日 08 时(a)500 hPa、(b)700 hPa、(c)850 hPa 及(d)地面天气图

4.8　1968 年 10 月 6 日暴雨

(1)暴雨时段

1968 年 10 月 5 日 20 时—6 日 20 时。

(2)雨情描述

1968 年 10 月 5—6 日，海河流域大部分地区出现了大到暴雨，局地大暴雨，其中子牙河、漳卫河北部、大清河南部、黑龙港运东中上游及徒骇马颊河中上游出现暴雨到大暴雨。子牙河、黑龙港运东、永定河、大清河、漳卫河和徒骇马颊河的面雨量达到暴雨或大暴雨，子牙河的面雨量最大，为 70.2 mm(图 4.26)。

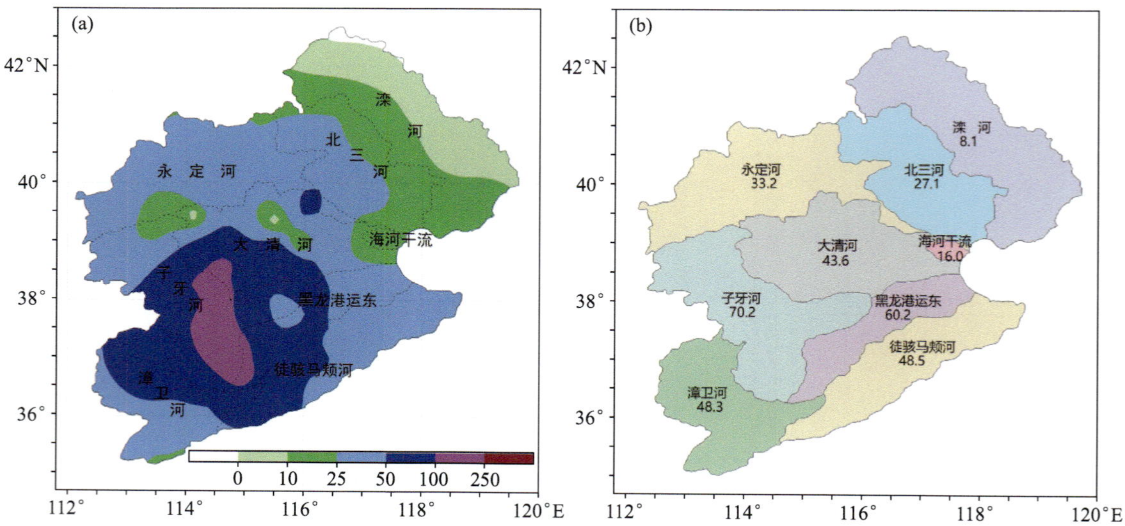

图 4.26　1968 年 10 月 6 日 24 h(a)降雨量和(b)面雨量分布(单位：mm)

(3)形势分析

影响系统——低空切变线、低空急流。

① 10 月 5 日 20 时—6 日 20 时 500 hPa 天气图上，海河流域受平直环流控制，没有明显的高空槽活动，东北冷涡后部有弱冷空气渗入，同时大陆高压脊加强北抬。

② 10 月 5 日 20 时—6 日 08 时 700 hPa 天气图上，伴随大陆高压脊北抬，有暖湿气流向北输送，中高层脊前弱冷空气南下，两者在宁夏地区交汇，形成低涡切变线。同时，东北冷涡后部有相对更强的冷空气沿东北路从低层渗入，涡前强暖平流、涡后冷平流使得低涡系统东移加强，斜压性不断加深，形成锢囚锋结构，切变线及西南急流辐合区动力抬升作用显著。另外，暖湿气流沿锋面爬升释放对称不稳定能量，有利于暴雨发生。850 hPa 以下持续的偏东气流(急流)在太行山前的地形抬升也有利于降水增加。

③ 10 月 6 日 08 时地面图上，海河流域处于锋面系统中，有利于中低层暖湿气流抬升，强降水持续(图 4.27)。

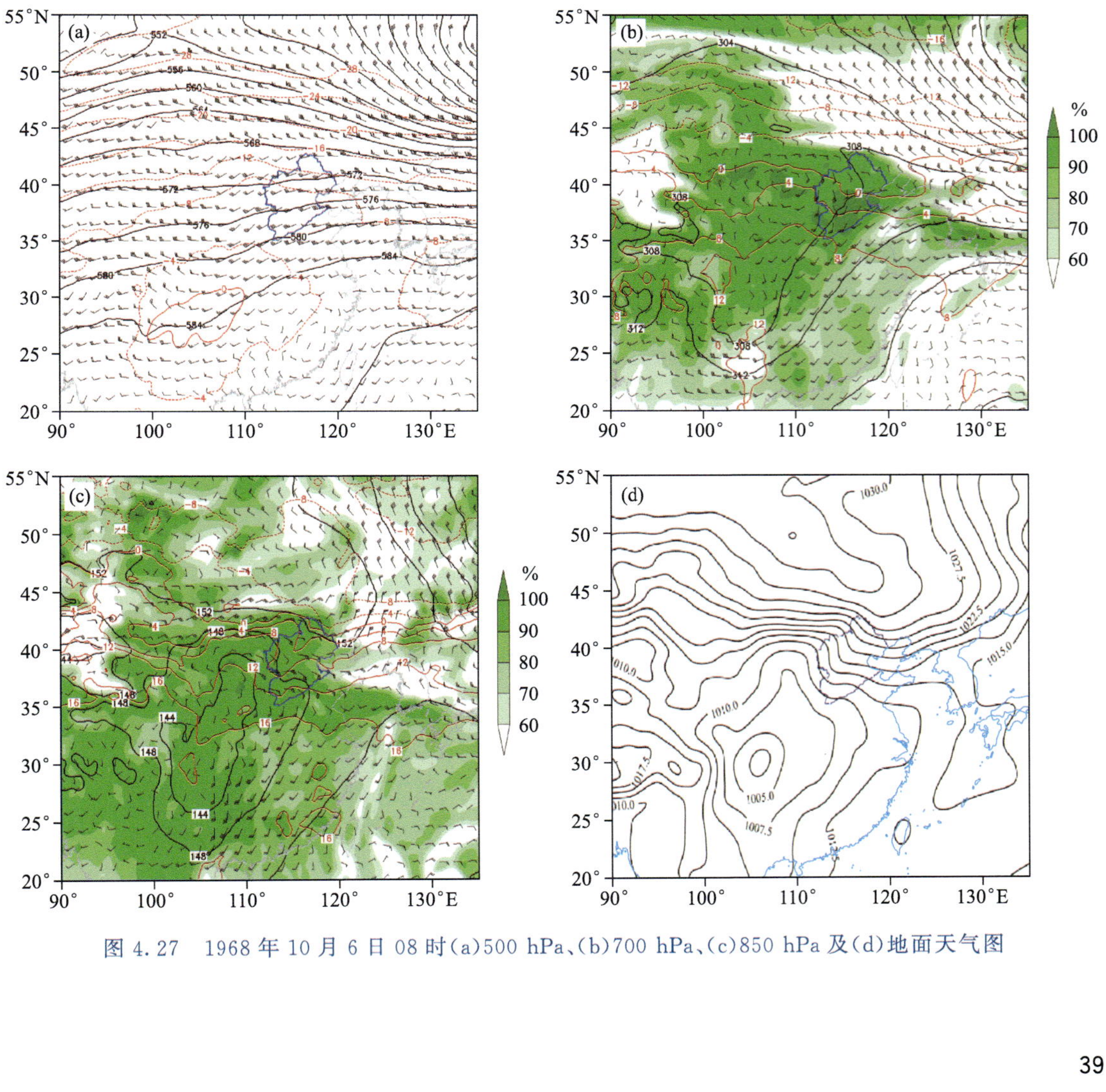

图 4.27　1968 年 10 月 6 日 08 时(a)500 hPa、(b)700 hPa、(c)850 hPa 及(d)地面天气图

4.9 1969 年 8 月 11 日暴雨

(1)暴雨时段

1969 年 8 月 10 日 20 时—11 日 20 时。

(2)雨情描述

1969 年 8 月 10—11 日,海河流域东部及东南部地区出现大到暴雨,局地大暴雨,其中滦河中下游、北三河中游、海河干流、大清河东部、黑龙港运东下游、徒骇马颊河出现暴雨,局地大暴雨。海河干流、黑龙港运东、滦河、北三河和徒骇马颊河面雨量达到暴雨或大暴雨,其中海河干流的面雨量最大,为 98.2 mm(图 4.28)。

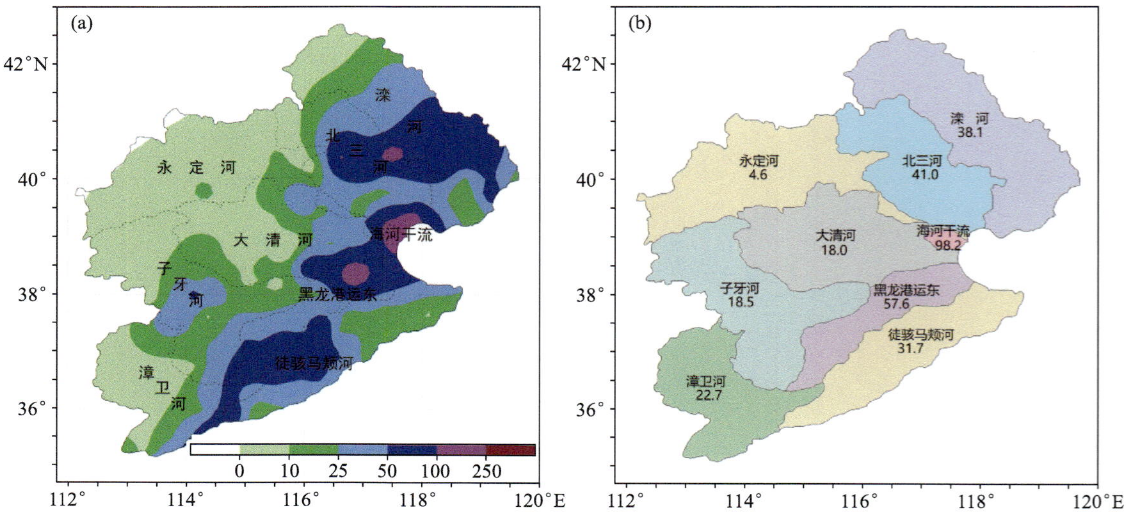

图 4.28 1969 年 8 月 11 日 24 h(a)降雨量和(b)面雨量分布(单位:mm)

(3)形势分析

影响系统——高空槽、副热带高压、台风低压、低空切变线。

① 8 月 11 日 08 时 500 hPa 天气图上,河套地区有蒙古冷涡低槽,温度槽落后于高度槽,高空槽强烈发展,海河流域位于深厚的高空槽前,同时副热带高压稳定维持于中国以东的洋面上,副热带高压脊线呈西北—东南向,“西低东高”的形势,利于强降水的维持。

② 8 月 11 日 700 hPa 和 850 hPa 天气图上,登陆台风(196906“贝蒂”)沿副热带高压外围继续北上,与北部高空槽合并加深发展,台风切变线与北部冷涡底部的切变线打通,东北—西南向的切变线位于海河流域中部地区,在切变线前侧形成低空急流,连续输送水汽,强降水主要发生在 700 hPa 切变线东侧、850 hPa 切变线附近。

③ 8 月 11 日地面天气图上,南、北两低压系统打通,形成狭长的低压带,海河流域位于低压倒槽区域,有利于抬升运动(图 4.29)。

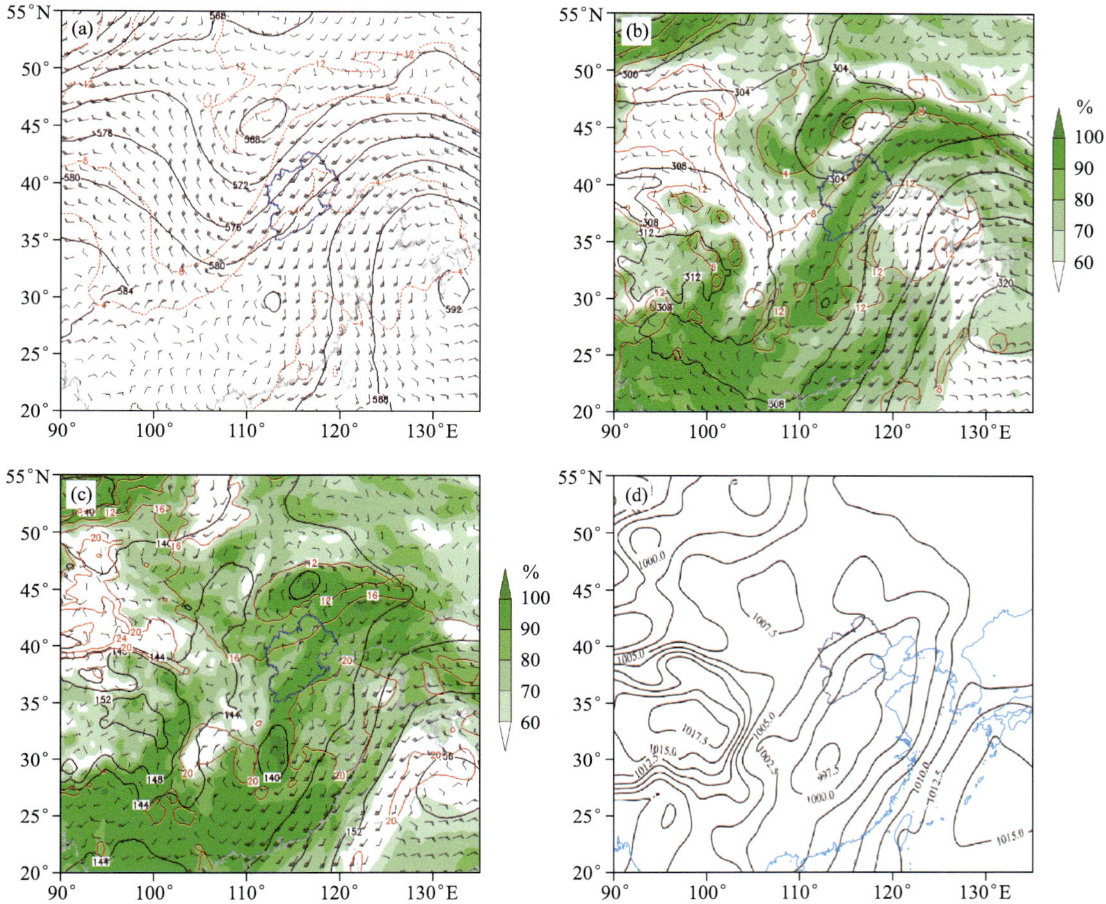

图 4.29　1969 年 8 月 11 日 08 时(a)500 hPa、(b)700 hPa、(c)850 hPa 及(d)地面天气图

4.10　1969 年 8 月 21 日暴雨

(1)暴雨时段

1969 年 8 月 20 日 20 时—21 日 20 时。

(2)雨情描述

1969 年 8 月 20—21 日，海河流域中东部出现大到暴雨，局地大暴雨，其中滦河中下游、北三河中下游、黑龙港运东中下游及徒骇马颊河中下游出现暴雨，局地大暴雨。滦河、北三河、海河干流、黑龙港运东和徒骇马颊河的面雨量达到暴雨或大暴雨，其中徒骇马颊河面雨量最大，达到 62.2 mm，其余河系为中到大雨(图 4.30)。

(3)形势分析

影响系统——蒙古冷涡、低空切变线、低空急流。

① 8 月 20 日 20 时—21 日 08 时，位于蒙古地区的 500 hPa 高空槽东移并与西北涡结合加

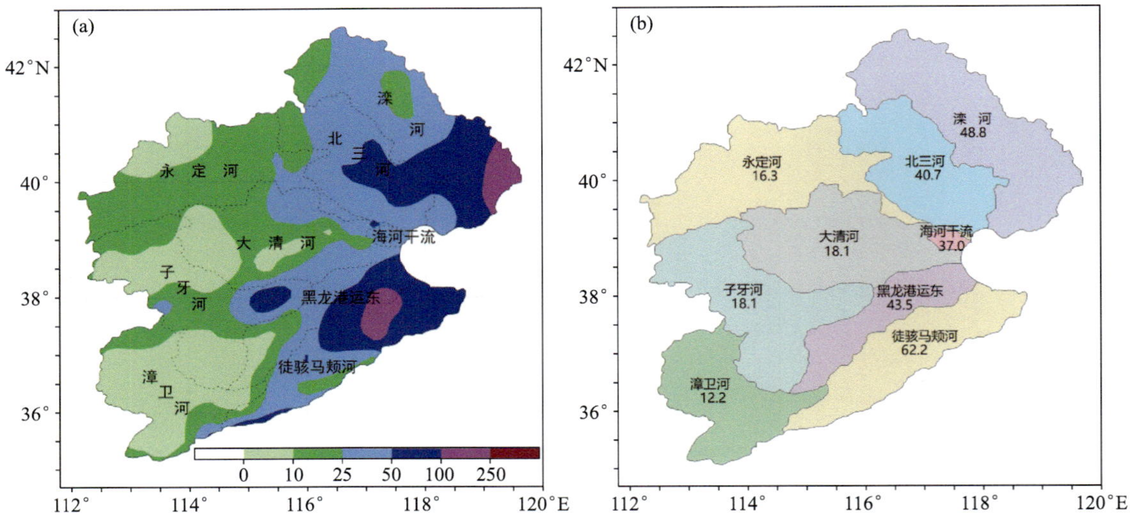

图 4.30　1969 年 8 月 21 日 24 h(a)降雨量和(b)面雨量分布(单位:mm)

深发展,到 21 日 08 时,发展为蒙古冷涡,海河流域位于蒙古冷涡底部的高空槽前。

② 8 月 21 日 08 时,700 hPa 冷式切变线东移加强,副热带高压南北向脊加强,受其阻挡,切变线前侧西南风发展为低空急流,利于水汽输送。850 hPa 环流形势与 700 hPa 相似,切变线位置与 700 hPa 基本一致,形成垂直结构,利于对流性降水的发生。切变线和急流辐合动力抬升作用加强,同时偏南急流与燕山地形作用有利于降水增加,形成海河流域东北部大暴雨。

③ 8 月 21 日 08 时地面图上,锋面气旋发展影响海河流域,在 21 日白天东移北缩,夜间低压中心移出流域,海河流域位于气旋后部的冷空气控制中,降水结束(图 4.31)。

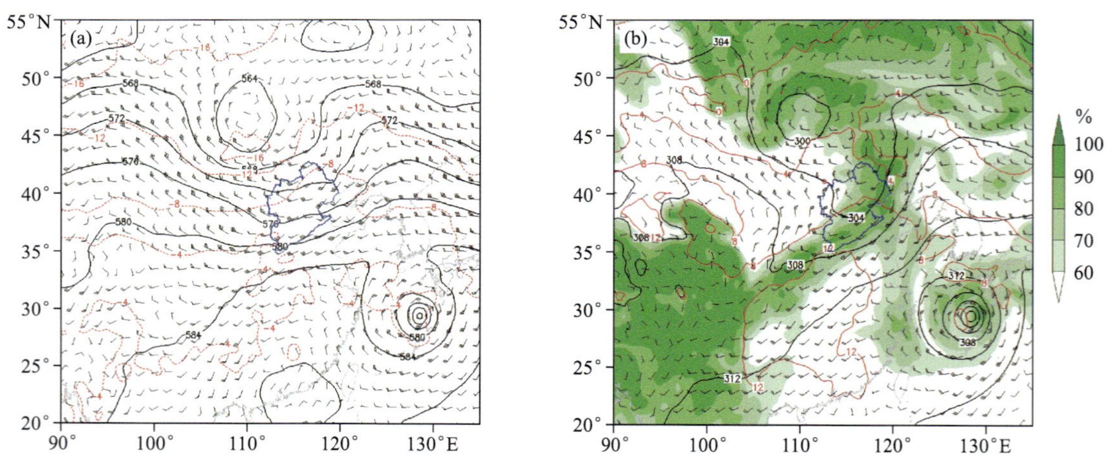

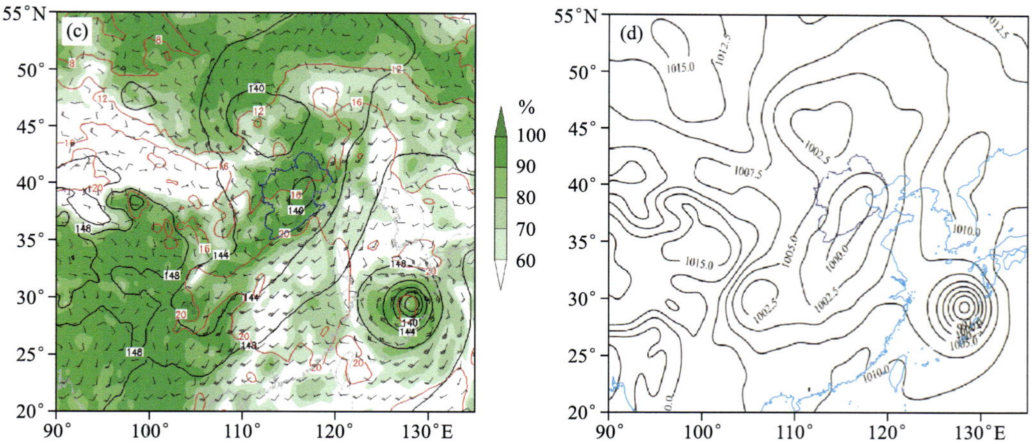

图 4.31　1969 年 8 月 21 日 08 时(a)500 hPa、(b)700 hPa、(c)850 hPa 及(d)地面天气图

4.11　1970 年 8 月 1 日暴雨

(1)暴雨时段

1970 年 7 月 31 日 20 时—8 月 1 日 20 时。

(2)雨情描述

1970 年 7 月 31 日—8 月 1 日，海河流域中南部地区出现暴雨到大暴雨。黑龙港运东、徒骇马颊河、大清河、子牙河和漳卫河面雨量达到暴雨或大暴雨，其他子河系为中到大雨(图 4.32)。

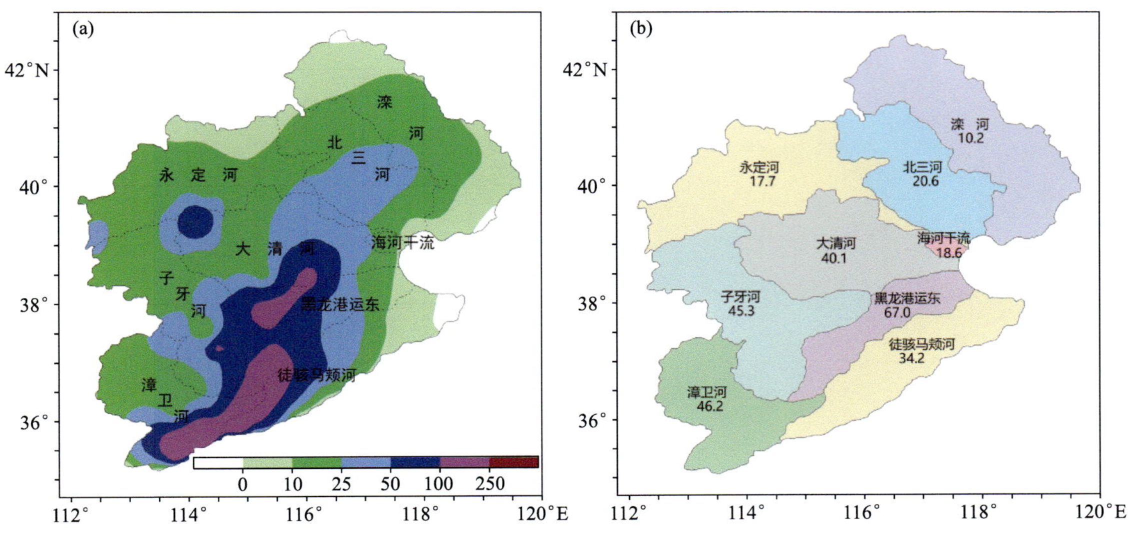

图 4.32　1970 年 8 月 1 日 24 h(a)降雨量和(b)面雨量分布(单位：mm)

(3)形势分析

影响系统——高空槽、副热带高压、低涡、低空急流。

① 7 月 31 日—8 月 1 日，500 hPa 副热带高压 588 dagpm 线位于海河流域东南部，其南侧

有台风西移，使副热带高压稳定维持并略有北抬，中高纬弱冷空气沿东北冷涡后部南下。8 月 1 日，副热带高压强度进一步加强，脊线北抬至 33°N，西伸脊点达 108°E，冷涡后东北风与副热带高压北侧西南风形成切变线，切变线南侧与副热带高压之间西南气流不断加强，急流出口区及暖式切变线的辐合抬升为暴雨提供了有利的动力抬升条件。

② 7 月 31 日，700 hPa 有西北涡生成并东移，涡后东北气流与涡前西南气流加强有利于低空切变线加深，副热带高压西侧低空急流不断输送水汽和能量，不稳定性增强，有利于对流暴雨产生。

③ 地面天气图上有低压倒槽向北伸展，海河流域位于倒槽顶部(图 4.33)。

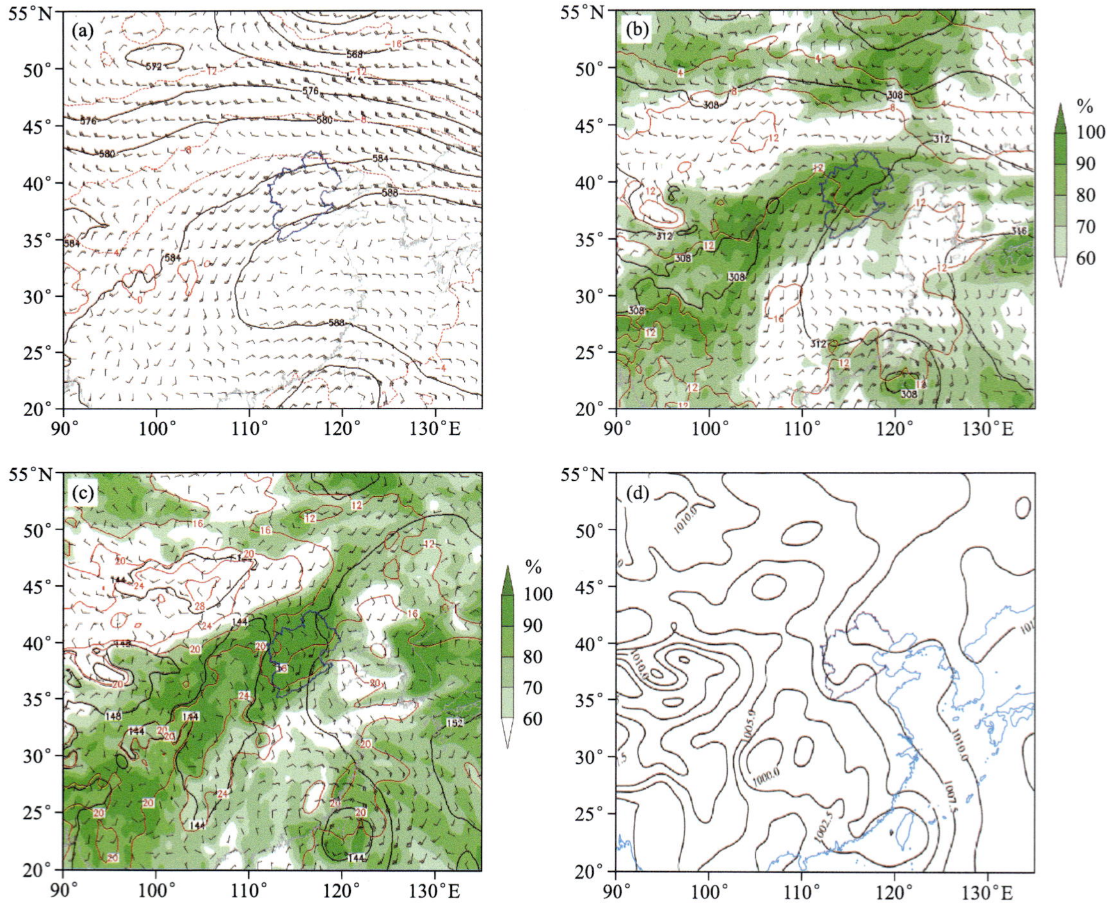

图 4.33　1970 年 8 月 1 日 20 时(a)500 hPa、(b)700 hPa、(c)850 hPa 及(d)地面天气图

4.12　1971 年 6 月 26 日暴雨

(1)暴雨时段

1971 年 6 月 25 日 20 时—26 日 20 时。

(2)雨情描述

1971 年 6 月 25—26 日，海河流域中部出现大到暴雨，其中北三河西部、永定河下游、大清河中下游、子牙河下游、黑龙港运东和徒骇马颊河中游出现暴雨，局部大暴雨。北三河、大清河、海河干流、子牙河、黑龙港运东和徒骇马颊河面雨量达到暴雨或大暴雨，其中大清河的面雨量最大，为 61.1mm，其他子河系为中到大雨(图 4.34)。

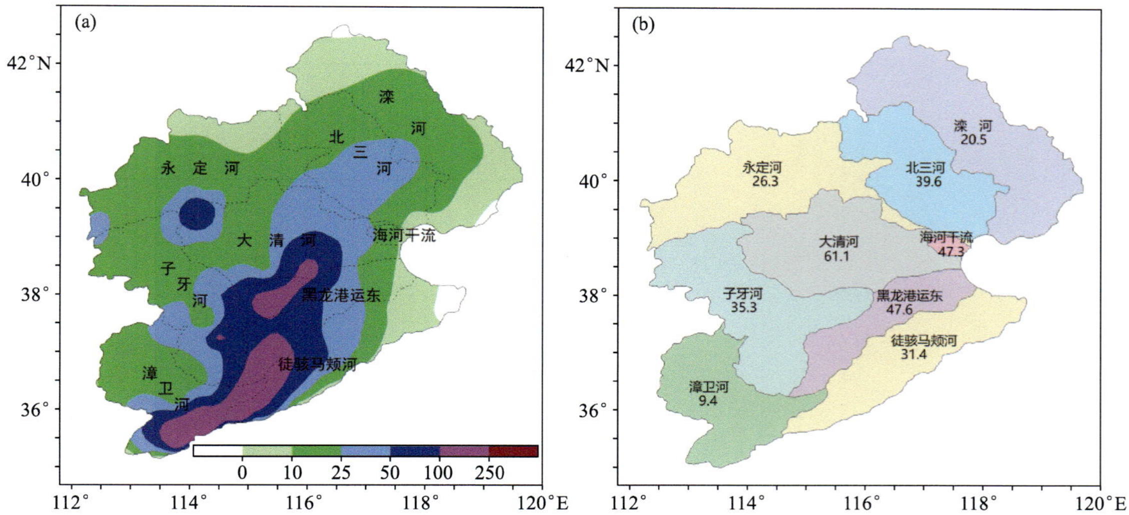

图 4.34 1971 年 6 月 26 日 24 h(a)降雨量和(b)面雨量分布(单位:mm)

(3)形势分析

影响系统——高空冷涡、副热带高压、低空切变线、地面气旋。

① 6 月 25 日，中高纬呈“两脊一槽”形势，蒙古冷涡向南发展，冷涡后部高压脊前不断有冷空气汇入，涡前副热带高压西侧有暖平流输送，促使冷涡东移发展。26 日冷涡中心东移至海河流域中部，强度有所加强。

② 中低层西南涡沿着副热带高压西侧西南急流向东北移动，与蒙古冷涡低槽合并加深，低涡系统在海河流域中部加强，为暴雨提供了有利的动力抬升条件，暴雨出现在低涡中心及切变线附近。

③ 地面天气图上，有气旋在向北移动过程中显著加强，气旋中心地面最低气压达 992.5 hPa (图 4.35)。

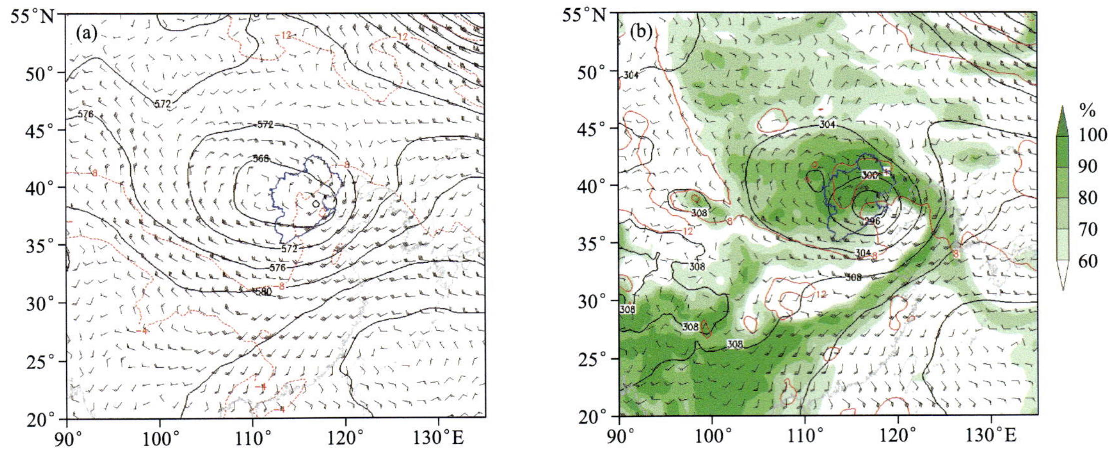

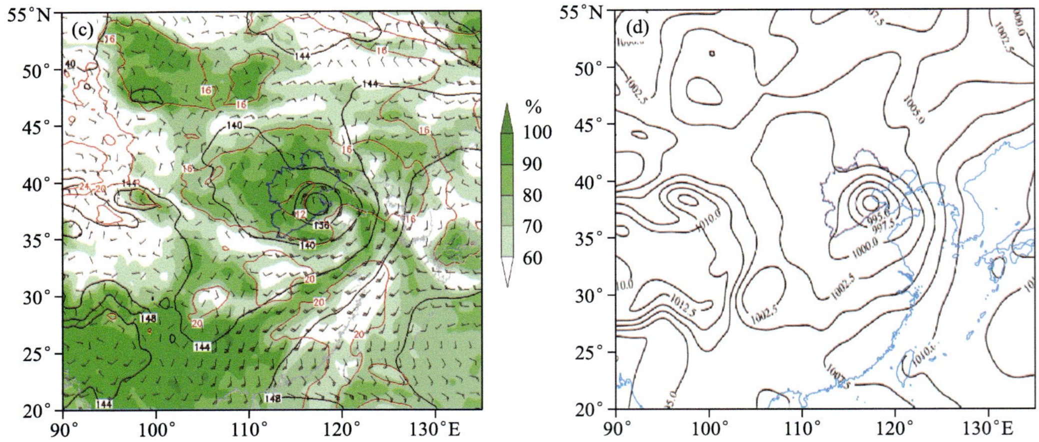

图 4.35　1971 年 6 月 26 日 08 时(a)500 hPa、(b)700 hPa、(c)850 hPa 及(d)地面天气图

4.13　1972 年 7 月 20 日暴雨

(1)暴雨时段

1972 年 7 月 19 日 20 时—20 日 20 时。

(2)雨情描述

1972 年 7 月 19—20 日，海河流域中部、东北部出现大到暴雨，局部达到特大暴雨，其中滦河中游、北三河中游、大清河中下游、海河干流、黑龙港运东和徒骇马颊河下游出现暴雨或大暴雨。滦河、北三河、大清河、海河干流和黑龙港运东的面雨量达暴雨或大暴雨，其中黑龙港运东的面雨量最大，为 75.1 mm，除永定河和漳卫河为小雨外，其他河系均达大雨(图 4.36)。

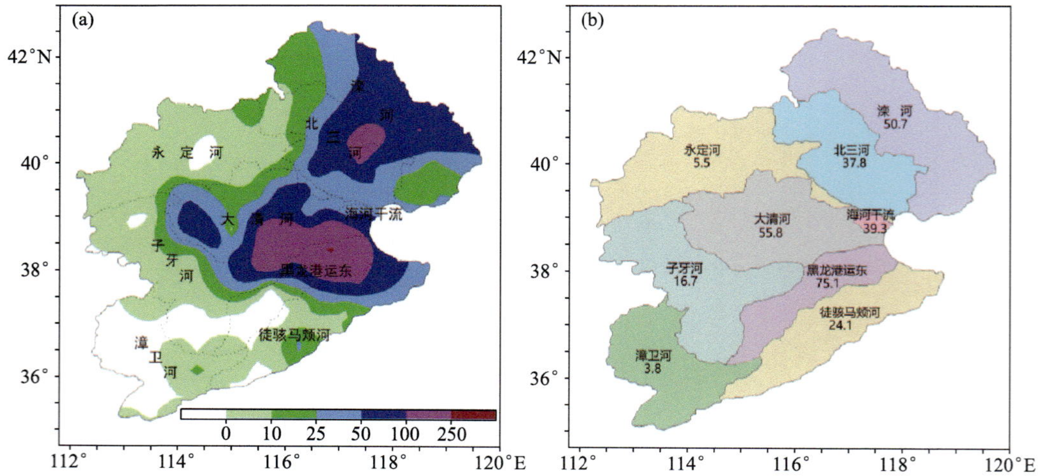

图 4.36　1972 年 7 月 20 日 24 h(a)降雨量和(b)面雨量分布(单位：mm)

(3)形势分析

影响系统——高空冷涡、低空切变线、地面低压。

① 7 月 19 日，贝加尔湖南侧低涡在东移过程中不断发展加强，20 日 08 时在 110°E 附近加强为蒙古冷涡，海河流域位于冷涡东南象限，受冷涡底部高空槽前西南气流影响。

② 在 700 hPa 和 850 hPa 天气图上，海河流域中西部维持一条较强的低空切变线，是造成暴雨的重要动力系统，切变线前侧西南气流逐渐加强为低空急流，与低空温度场上的暖脊配合造成低层较强的暖平流。低层增温增湿使得大气不稳定性加强，为暴雨发生提供了充足的不稳定能量。

③ 伴随着低涡低槽的不断发展，地面低压也逐渐加强，为暴雨的发生提供有利的动力抬升条件(图 4.37)。

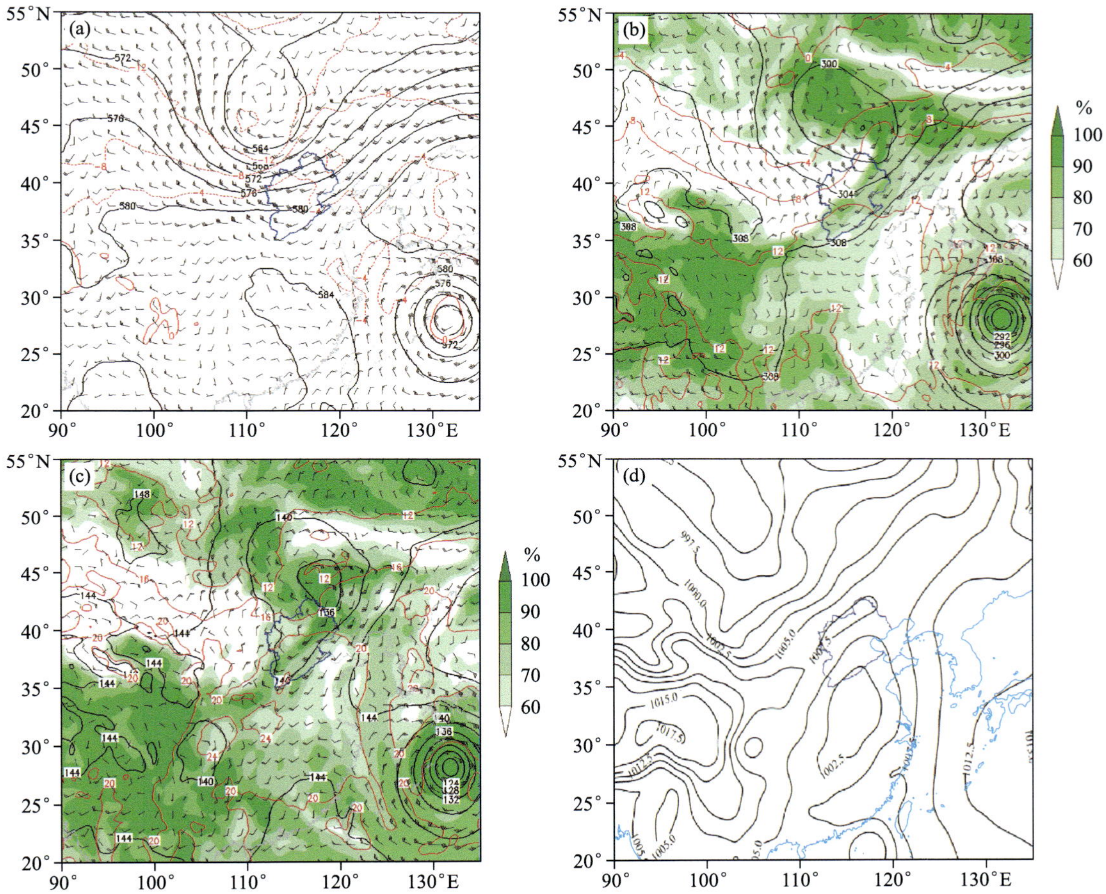

图 4.37　1972 年 7 月 20 日 08 时(a)500 hPa、(b)700 hPa、(c)850 hPa 及(d)地面天气图

4.14　1973 年 7 月 2 日暴雨

(1)暴雨时段

1973 年 7 月 1 日 20 时—2 日 20 时。

(2)雨情描述

1973 年 7 月 1—2 日，海河流域普降大到暴雨，其中北三河中游、大清河中游、子牙河下游、黑龙港运东、漳卫河和徒骇马颊河出现暴雨。漳卫河、徒骇马颊河、子牙河、黑龙港运东、大清河和北三河的面雨量达暴雨，其他子河系为中到大雨(图 4.38)。

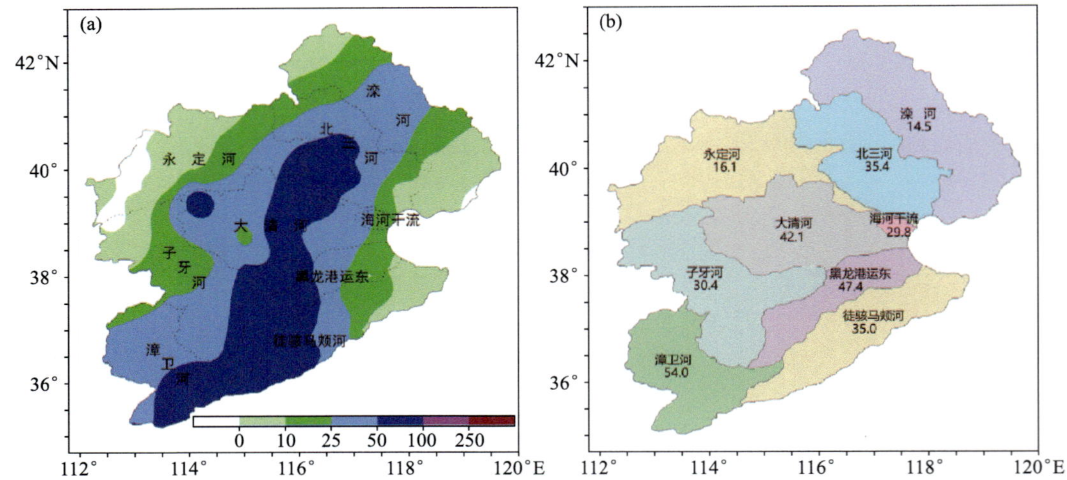

图 4.38　1973 年 7 月 2 日 24 h(a)降雨量和(b)面雨量分布(单位：mm)

(3)形势分析

影响系统——高空槽、西南涡、低空急流、地面低压倒槽。

① 7 月 1 日 08 时，来自贝加尔湖较强低涡后部的冷空气南下至我国中部，与南方的暖湿空气形成深槽，槽前暖平流、槽后冷平流使得高空槽不断东移发展。至 7 月 2 日 20 时，低槽已位于 110°E 附近，并有加强为低涡的趋势，海河流域位于高空槽前西南气流中。

② 7 月 1 日中低层有西南涡移出，沿槽前西南气流向东北移动，强度不断加强，2 日低涡前侧切变线开始影响海河流域南部，低涡东南象限的西南急流达 20 m/s 以上，保证了暴雨过程中的水汽输送。同时，低涡中心的摩擦辐合、变压辐合及急流前端的风速辐合为暴雨发生提供了抬升条件。

③ 在槽前正涡度平流的减压作用下，地面低压倒槽不断发展加强，于 2 日 20 时加强为闭合低压中心，同样为此次暴雨过程提供了抬升条件(图 4.39)。

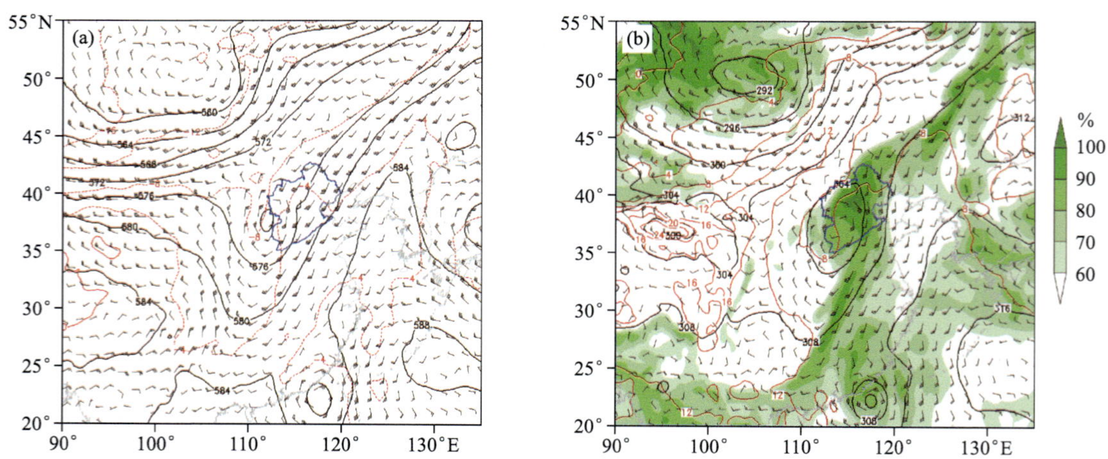

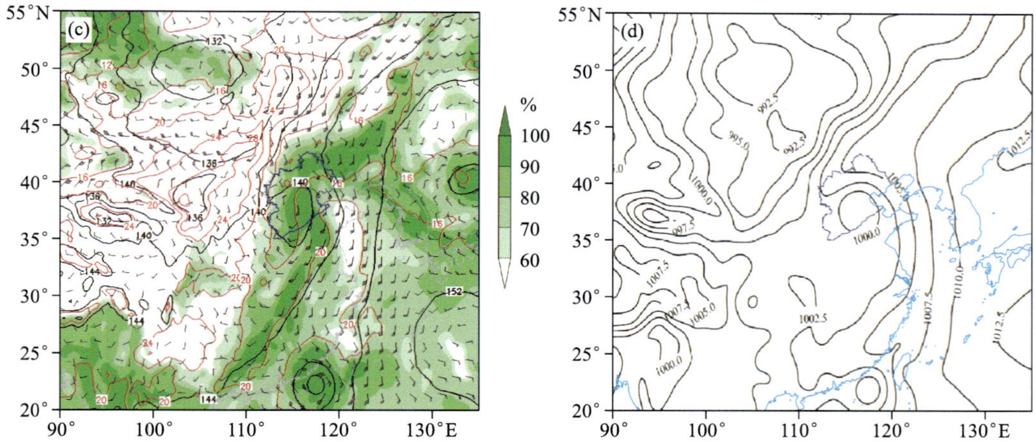

图 4.39　1973 年 7 月 2 日 20 时(a)500 hPa、(b)700 hPa、(c)850 hPa 及(d)地面天气图

4.15　1973 年 8 月 20 日暴雨

(1)暴雨时段

1973 年 8 月 19 日 20 时—20 日 20 时。

(2)雨情描述

1973 年 8 月 19—20 日，海河流域中北部出现大到暴雨，其中永定河、子牙河上游、大清河北部、北三河中游和滦河下游出现暴雨，局地大暴雨。永定河、滦河、北三河、大清河的面雨量达暴雨，海河干流和子牙河为大雨，其他子河系为小雨(图 4.40)。

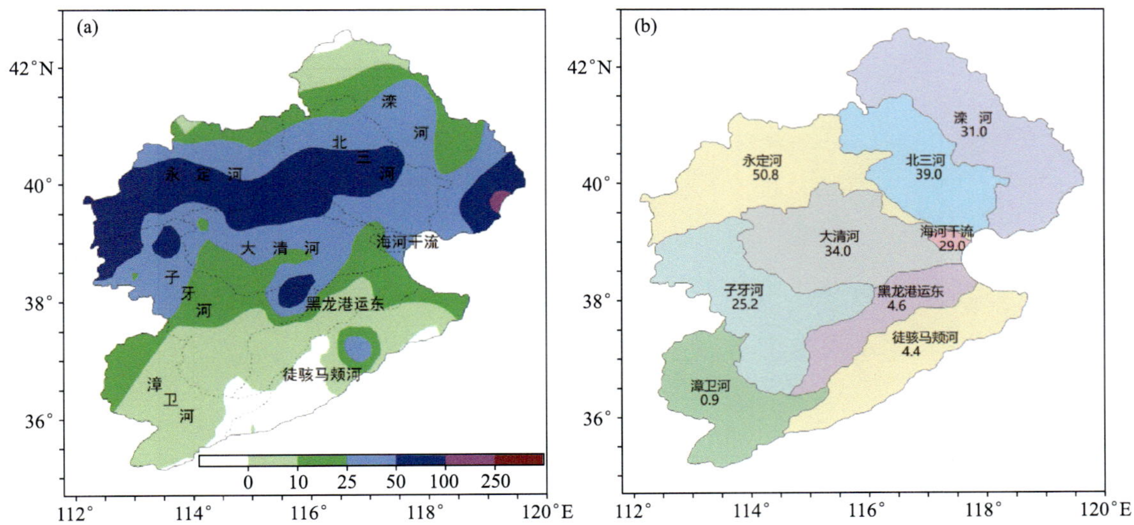

图 4.40　1973 年 8 月 20 日 24 h(a)降雨量和(b)面雨量分布(单位:mm)

(3)形势分析

影响系统——高空槽、副热带高压、低涡、地面倒槽。

① 8 月 19 日,副热带高压主体位于我国东部沿海,中高纬河套以西有高空槽东移。20 日,副热带高压西伸北抬,强度明显增强,脊线位于 35°N,其西侧的高空槽东移至 110°E 附近,海河流域位于槽前西南暖湿气流中。

② 700 hPa 天气图上,西北涡随短波槽东移,低涡东移过程中与副热带高压间气压梯度增大,西南急流加强,低涡受副热带高压引导向东北移动,低涡切变线附近以及低涡前侧急流辐合区的动力抬升作用有利于强降水发生。低空急流的加强也为暴雨区源源不断地输送水汽和不稳定能量。

③ 地面天气图上,海河流域位于入海高压的后部,且有低压倒槽向北伸展,地面始终维持偏东风(图 4.41)。

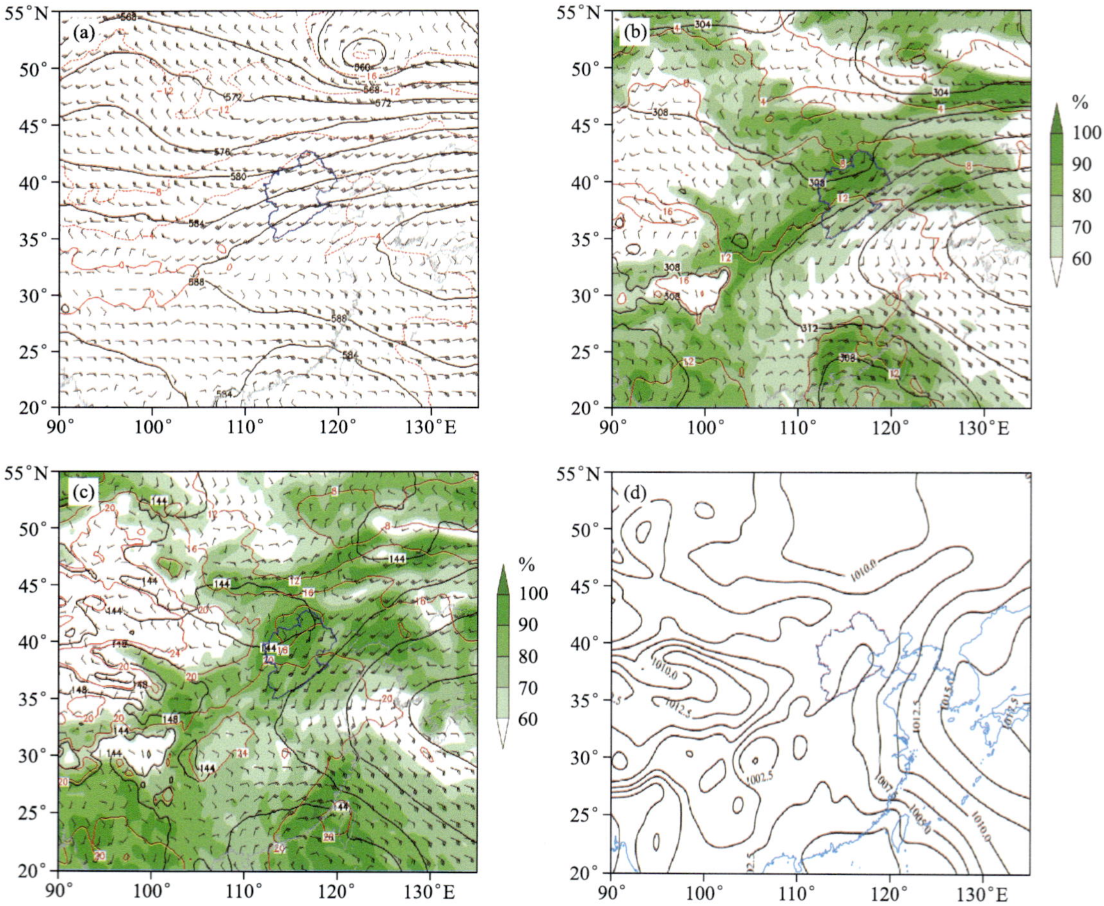

图 4.41　1973 年 8 月 20 日 20 时(a)500 hPa、(b)700 hPa、(c)850 hPa 及(d)地面天气图

4.16　1975 年 7 月 29—30 日暴雨

(1)暴雨时段

1975 年 7 月 28 日 20 时—30 日 20 时。

(2)雨情描述

1975 年 7 月 29—30 日,海河流域连续两天出现区域性暴雨,29 日暴雨区相对较为分散,北三河及徒骇马颊河局部出现大暴雨,30 日暴雨区有所东移,暴雨以上量级降水主要集中在流域下游地区,其中北三河和滦河局部地区出现特大暴雨。北三河、黑龙港运东连续两天出现暴雨,海河干流连续两天出现大暴雨,两日累计面雨量达到 226.7 mm,降水具有一定极端性(图 4.42～图 4.44)。

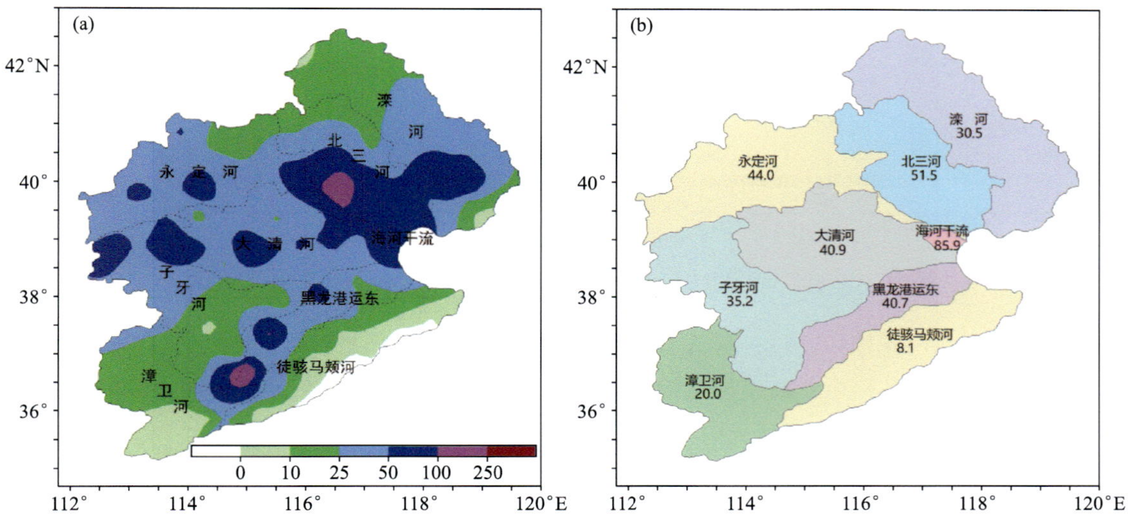

图 4.42　1975 年 7 月 29 日 24 h(a)降雨量和(b)面雨量分布(单位:mm)

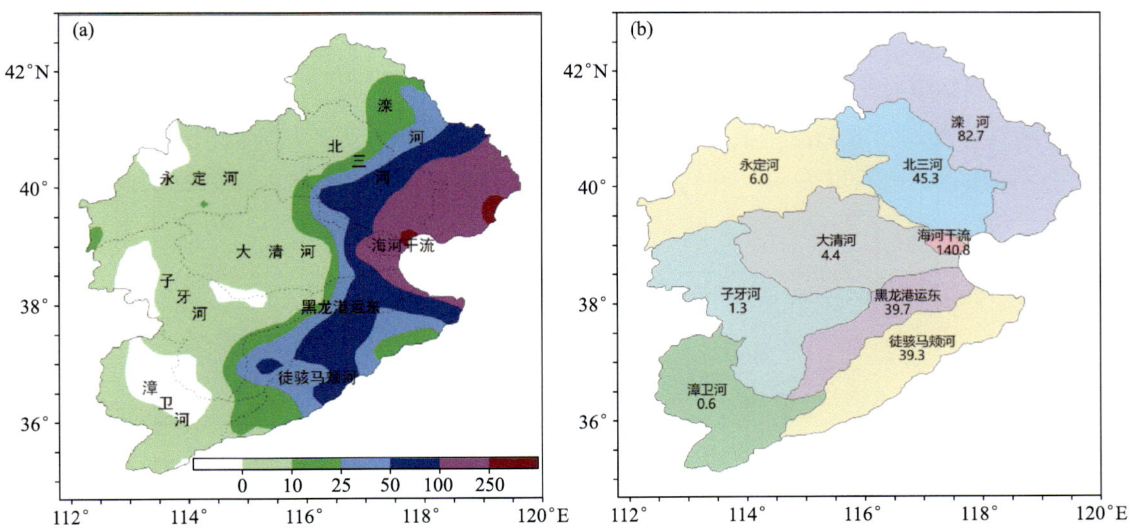

图 4.43　1975 年 7 月 30 日 24 h(a)降雨量和(b)面雨量分布(单位:mm)

(3)形势分析

影响系统——高空槽、低涡、低空急流、地面低压倒槽。

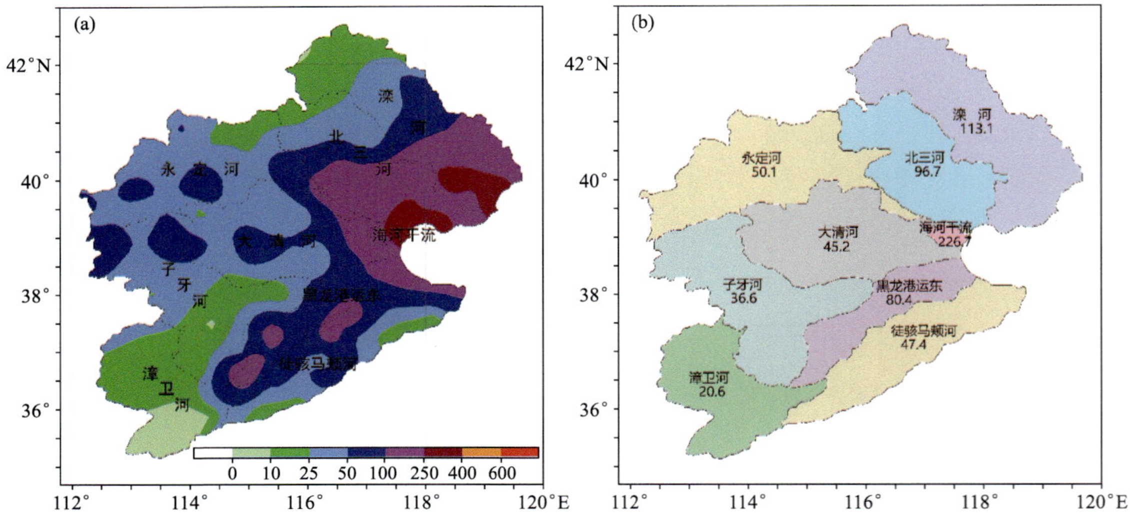

图 4.44　1975 年 7 月 29—30 日 48 h(a)降雨量和(b)面雨量分布(单位:mm)

① 7 月 28 日,我国中高纬地区环流相对较为平直,青海、甘肃一带有浅槽形成,冷暖平流使得西风槽在东移过程中不断发展加深。29 日,槽已东移至河套东部,海河流域大部分地区均处在槽前西南气流中,伴随低层上升运动的发展,新疆地区不断有冷空气补充汇入西风槽中,冷平流的作用使得高空槽加深发展,同时副热带高压与大陆高压脊结合形成西北—东南向的副热带高压脊,使得高空槽移动缓慢长时间影响海河流域。30 日 08 时,高空槽进一步发展并加强为冷涡,冷涡中心位于华北北部。

② 低层 700 hPa 和 850 hPa 天气图上,有切变线加强为低涡,形成深厚的低涡系统。低涡沿 500 hPa 高空槽前西南气流向东北方向移动,为此次暴雨过程提供重要的动力抬升条件;低涡东侧及南侧东南急流向暴雨区输送水汽和不稳定能量。

③ 地面天气图上有低压倒槽,30 日 08 时在海河流域东部加强为闭合低压,使得动力抬升作用进一步增强。边界层偏东风有利于低层水汽输送,为暴雨发生提供充足的水汽条件(图 4.45)。

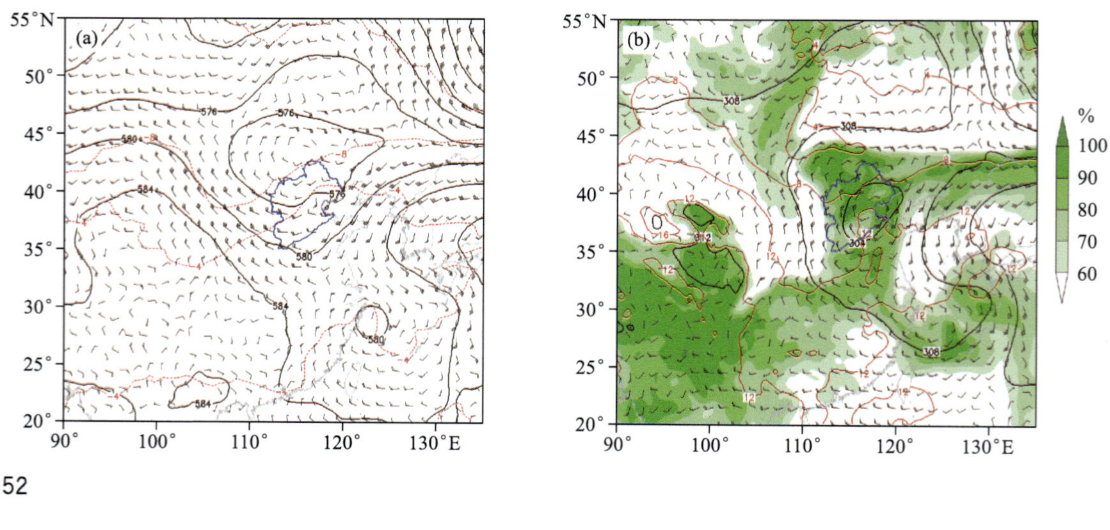

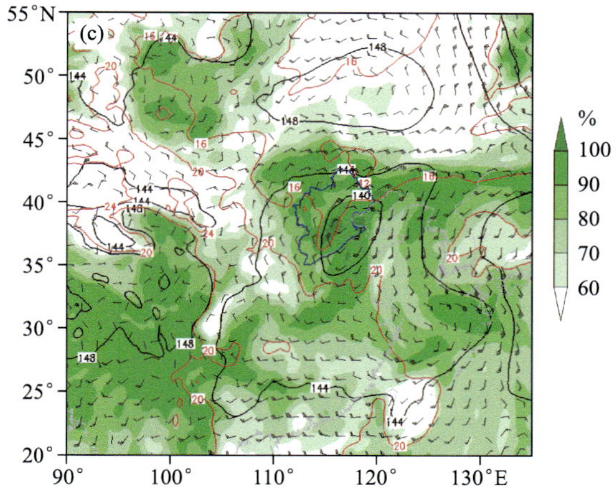

图 4.45　1975 年 7 月 30 日 08 时(a)500 hPa、(b)700 hPa、(c)850 hPa 及(d)地面天气图

4.17　1976 年 7 月 19 日暴雨

(1)暴雨时段

1976 年 7 月 18 日 20 时—19 日 20 时。

(2)雨情描述

1976 年 7 月 18—19 日，海河流域西南部出现暴雨到大暴雨，其中大暴雨出现在子牙河、漳卫河和大清河上游。子牙河和漳卫河的面雨量达到大暴雨，大清河的面雨量达到暴雨，其他子河系则以小到中雨为主(图 4.46)。

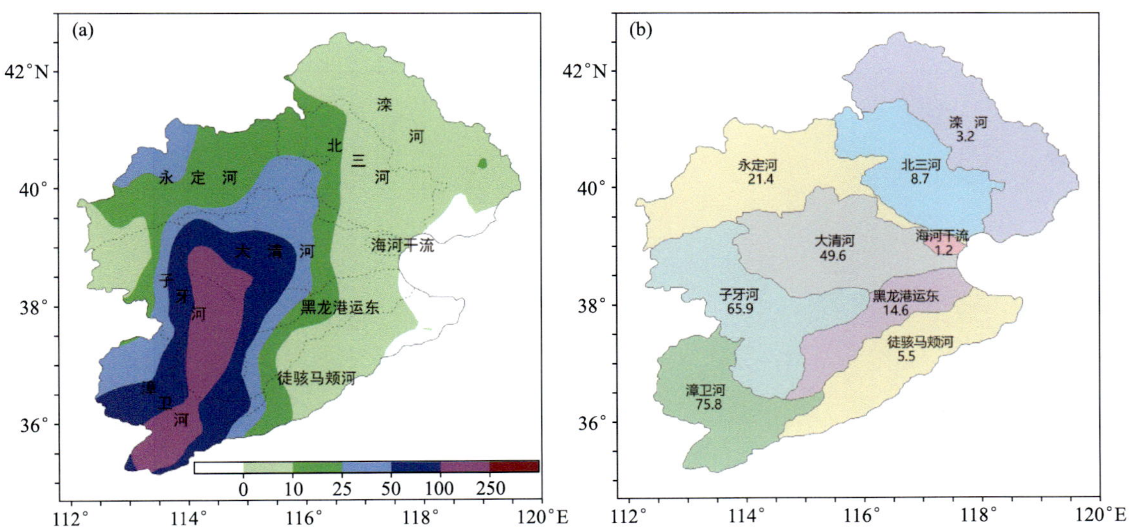

图 4.46　1976 年 7 月 19 日 24 h(a)降雨量和(b)面雨量分布(单位:mm)

(3)形势分析

影响系统——高空槽、副热带高压、切变线、低空急流、地面低压倒槽。

① 7 月 18 日，东亚中高纬地区为“一槽一脊”环流形势，高空深槽位于河套地区，副热带高压呈南北块状，与北侧的高压脊同位相叠加形成稳定的高压坝，构成“西低东阻”的形势，使得低槽在东移过程中移速缓慢且主要影响海河流域西部地区。

② 低层 700 hPa 和 850 hPa 天气图上，海河流域西部有低空切变线维持，移动缓慢，海河流域南部的切变线加强为低涡，切变线东侧的低空急流沿副热带高压西侧向北方不断输送水汽，建立了完整的水汽输送通道，急流出口区位于海河流域西南部，水汽在这里强烈辐合抬升，是造成这一带出现暴雨的直接原因。850 hPa 以下偏东气流受太行山地形阻挡对降水有增幅作用。

③ 地面天气图上有倒槽向海河流域西南部伸展，为暴雨发生提供了抬升条件(图 4.47)。

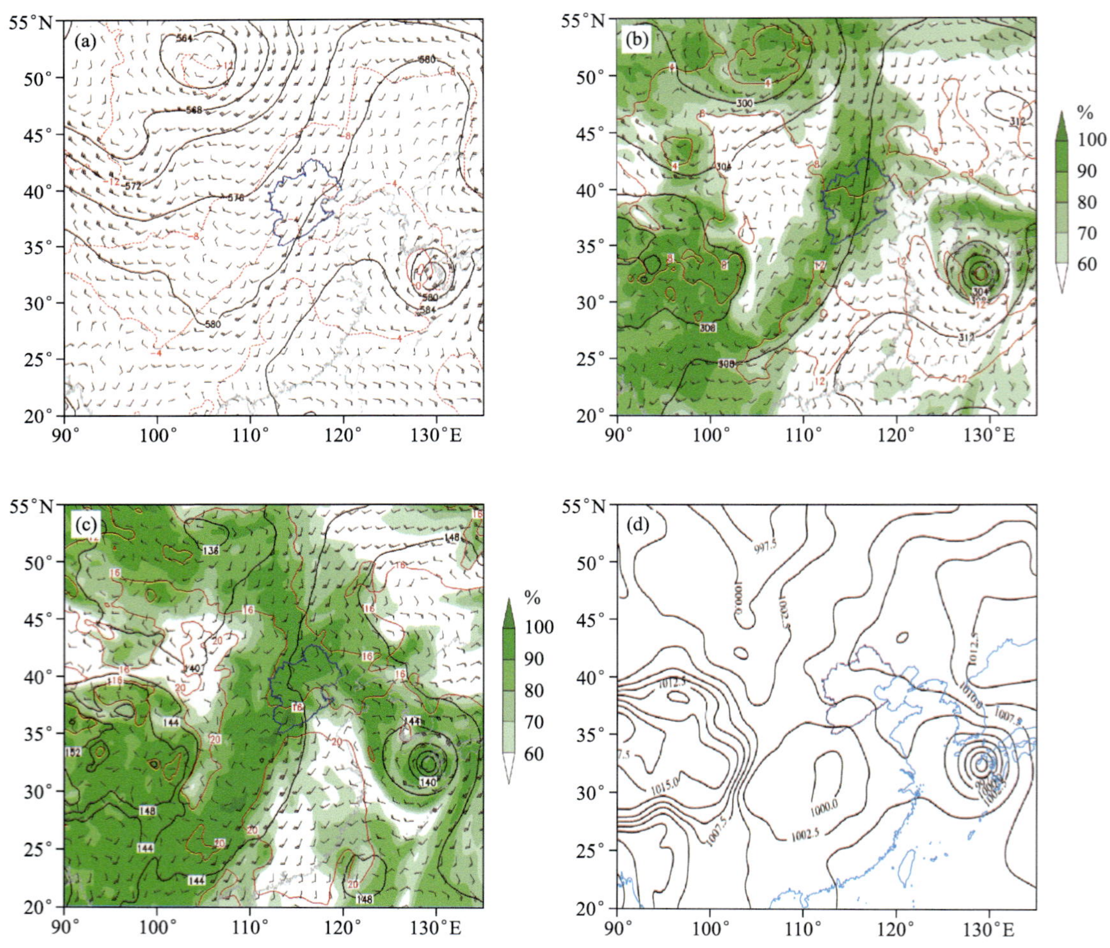

图 4.47　1976 年 7 月 19 日 08 时(a)500 hPa、(b)700 hPa、(c)850 hPa 及(d)地面天气图

4.18　1976 年 8 月 20 日暴雨

(1)暴雨时段

1976 年 8 月 19 日 20 时—20 日 20 时。

(2)雨情描述

1976 年 8 月 19—20 日，海河流域大部分地区出现暴雨，两条雨带呈东北—西南走向带状分布，北支位于北三河至子牙河一带，南支位于徒骇马颊河一带。徒骇马颊河、永定河、子牙河、大清河的面雨量达到暴雨，其他子河系面雨量均达中到大雨，雨量分布不均(图 4.48)。

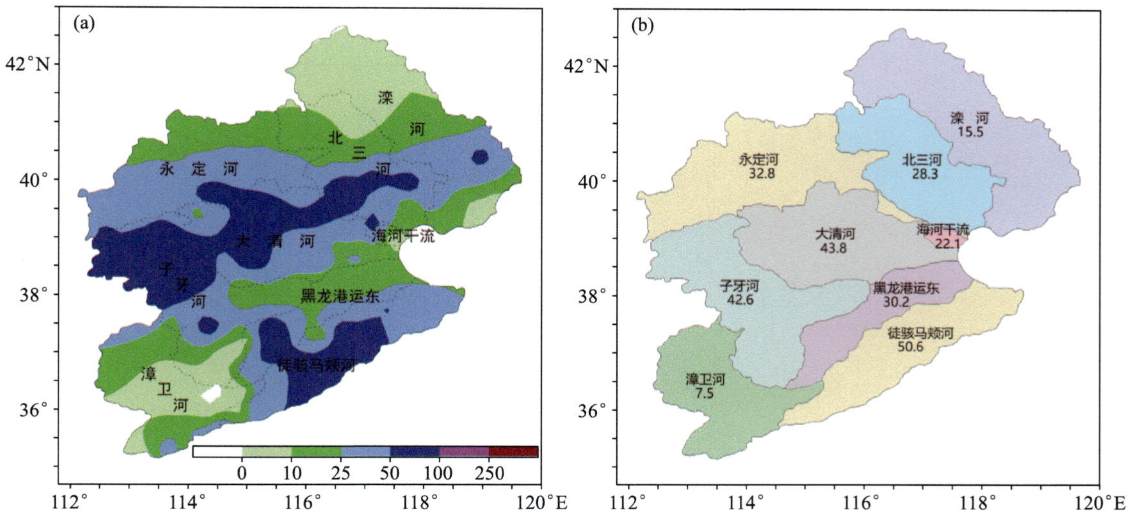

图 4.48　1976 年 8 月 20 日 24 h(a)降雨量和(b)面雨量分布(单位:mm)

(3)形势分析

影响系统——高空槽、副热带高压、切变线、低空急流、地面低压倒槽。

① 8 月 19 日，副热带高压位于我国东部沿海，脊线约在 30°N 以北并缓慢加强北抬，新疆地区有一高空槽发展，20 日 20 时东移至河套地区，同时来自副热带高压西侧的暖湿气流加强，锋区进一步东移南压，自西向东影响海河流域。

② 在较强暖湿气流作用下，低层湿度接近饱和，低空切变线东移过程中在海河流域中部有所加强，东北风和西南风形成东西向切变线并加强为低涡，使得垂直上升运动显著加强，为暴雨发生提供有利动力条件。切变线南侧存在一支较强西南暖湿急流向暴雨区输送水汽，急流出口位于海河流域中南部地区，强烈的水汽辐合造成这一带出现暴雨。

③ 19—20 日，我国中东部维持一大低压，在槽前正涡度平流及低层暖平流作用下不断加强，海河流域位于低压顶部，低压倒槽的辐合抬升是暴雨发生的动力条件(图 4.49)。

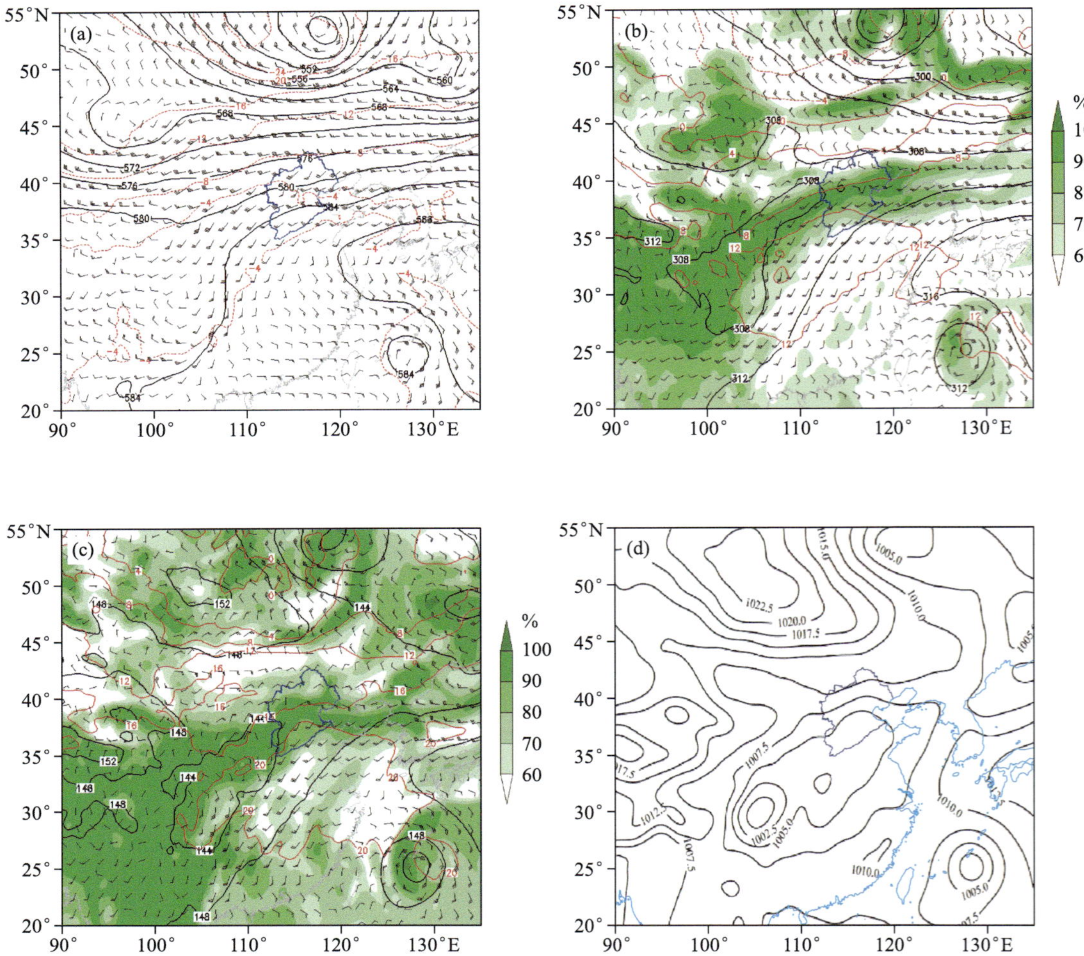

图 4.49　1976 年 8 月 20 日 08 时(a)500 hPa、(b)700 hPa、(c)850 hPa 及(d)地面天气图

4.19　1977 年 7 月 5 日暴雨

(1)暴雨时段

1977 年 7 月 4 日 20 时—5 日 20 时。

(2)雨情描述

1977 年 7 月 4—5 日，海河流域中部和东南部出现暴雨，局部大暴雨，雨带呈东北—西南走向带状分布，雨量呈南大北小的分布态势，暴雨区主要位于漳卫河、徒骇马颊河和黑龙港运东一带以及大清河和子牙河的局部地区。徒骇马颊河及黑龙港运东的面雨量达到大暴雨，北部为小雨，雨量分布不均(图 4.50)。

(3)形势分析

影响系统——高空槽、副热带高压、低空急流、地面低压倒槽。

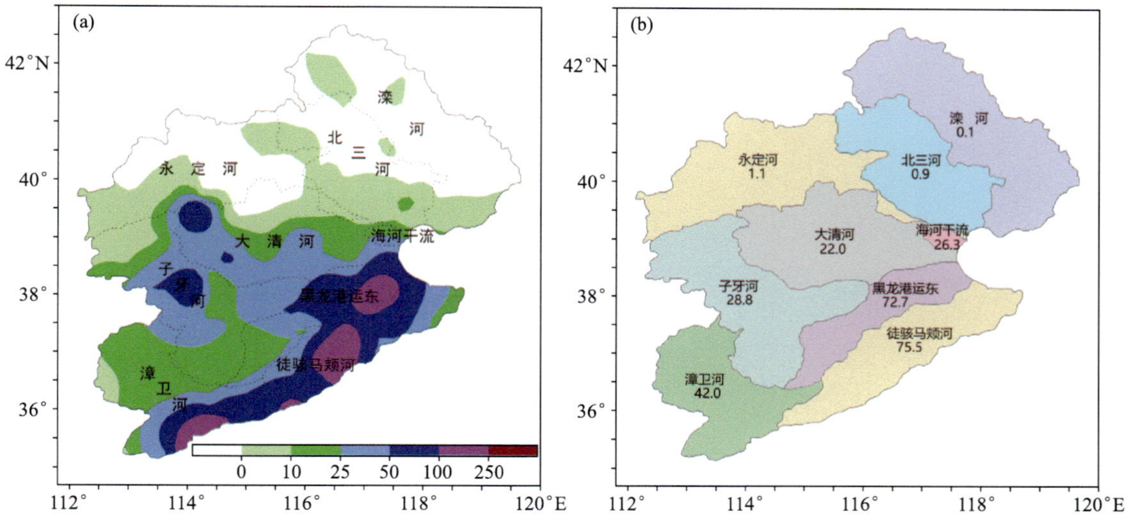

图 4.50　1977 年 7 月 5 日 24 h(a)降雨量和(b)面雨量分布(单位:mm)

① 7 月 5 日,新疆地区低槽在东移过程中逐渐加深为冷涡,副热带高压位于我国东部沿海且逐渐西伸北抬,副热带高压脊线位于 35°N 附近。在副热带高压北抬过程中,850 hPa 有东南风和西南风形成的暖切变线北抬加强,影响海河流域中部和东南部地区。

② 低层西南暖湿急流沿副热带高压西侧将南方的水汽和热量向北方输送,副热带高压西南侧有台风活动,台风北侧的东南气流对水汽输送有一定的作用。大量水汽在暖切变线与低空急流辐合区辐合抬升,形成高效率的暖区降水。

③ 地面处于低压倒槽顶部,加强了辐合抬升运动(图 4.51)。

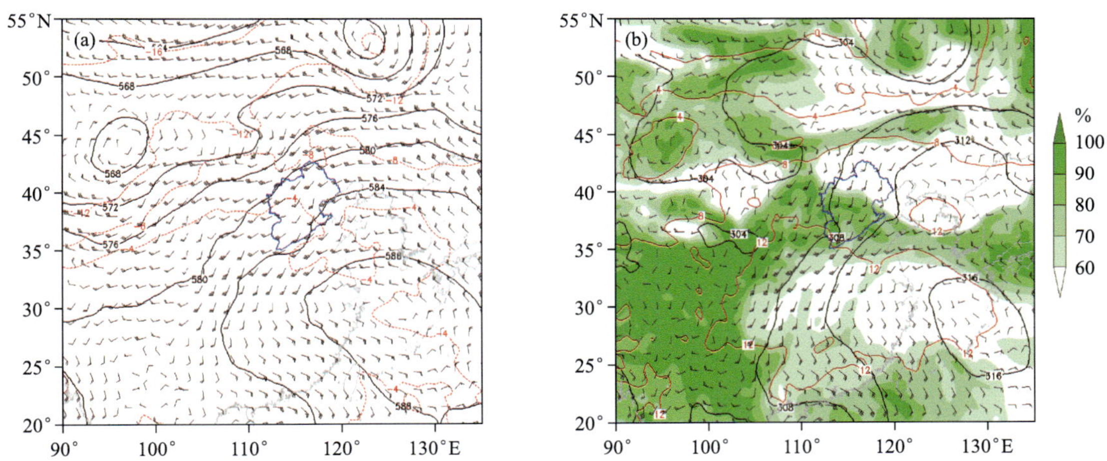

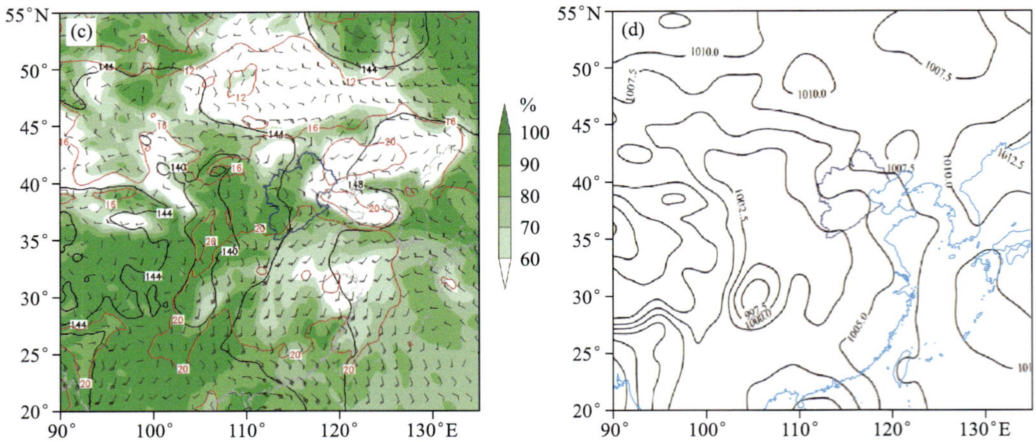

图 4.51　1977 年 7 月 5 日 08 时(a)500 hPa、(b)700 hPa、(c)850 hPa 及(d)地面天气图

4.20　1977 年 7 月 26 日暴雨

(1)暴雨时段

1977 年 7 月 25 日 20 时—26 日 20 时。

(2)雨情描述

1977 年 7 月 25—26 日，海河流域出现区域性暴雨，局部大暴雨，雨带呈东北—西南走向带状分布。除西北部的永定河和东南部的徒骇马颊河面雨量较小外，其他子河系普降暴雨到大暴雨，其中大清河、海河干流和黑龙港运东的面雨量达到大暴雨，海河干流的面雨量最大，达到 76.4 mm(图 4.52)。

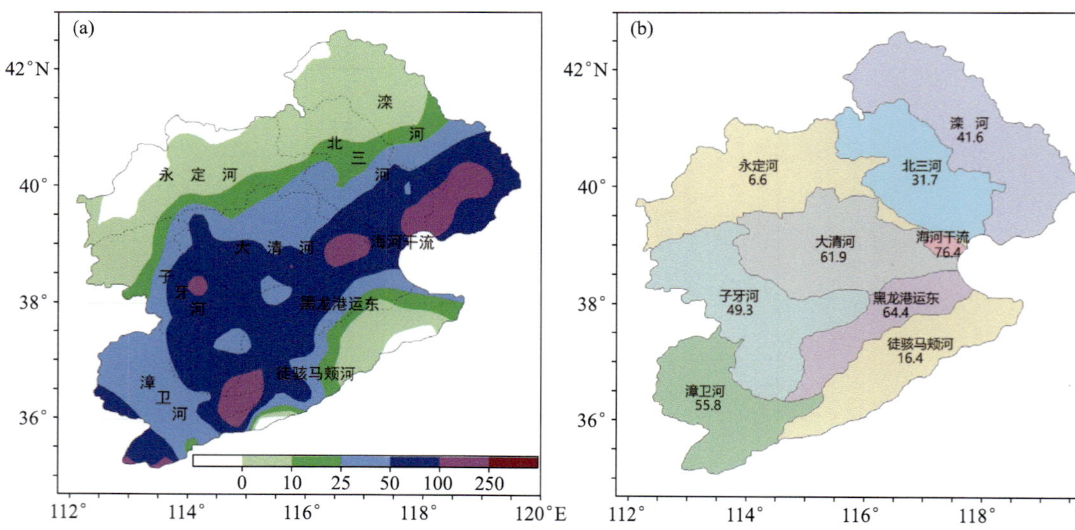

图 4.52　1977 年 7 月 26 日 24 h(a)降雨量和(b)面雨量分布(单位：mm)

(3)形势分析

影响系统——高空槽、台风、副热带高压、地面低压倒槽。

① 25 日，东亚中高纬呈多波型，其中位于河套地区的低槽东移过程中逐渐加深发展；受登陆台风(197704“赛洛玛”)影响，副热带高压东退至海上，台风沿副热带高压西侧偏南气流逐渐北移，与北侧的西风槽构成南北贯通的带状低压环流形势。

② 26 日，台风北移至江淮一带，其右前方的东南气流加强至急流强度，保证了暴雨区的水汽供应。高空槽北侧的冷空气前缘位于海河流域西侧，高空弱冷空气渗透使得斜压性加强，加剧大气层结不稳定性，使降水的对流性进一步增强。

③ 地面处于低压倒槽顶部，进一步加强辐合抬升运动(图 4.53)。

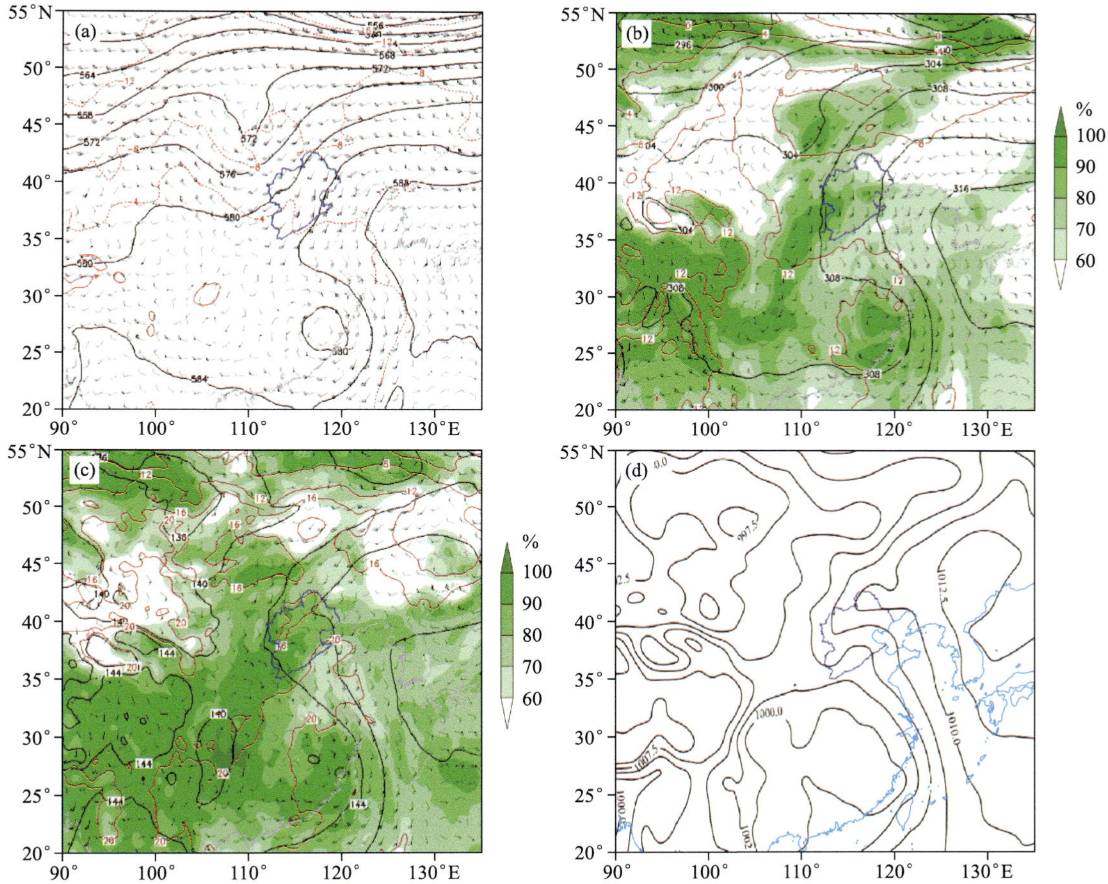

图 4.53　1977 年 7 月 26 日 08 时(a)500 hPa、(b)700 hPa、(c)850 hPa 及(d)地面天气图

4.21　1978 年 7 月 25 日暴雨

(1)暴雨时段

1978 年 7 月 24 日 20 时—25 日 20 时。

(2)雨情描述

1978 年 7 月 24—25 日海河流域中东部大部分地区出现了大到暴雨，局地大暴雨，个别站出现特大暴雨，暴雨主要位于徒骇马颊河、黑龙港运东、大清河中下游及滦河和北三河中下游。北三河和徒骇马颊河的面雨量达到暴雨，黑龙港运东的面雨量达到大暴雨，为 70.5 mm(图 4.54)。

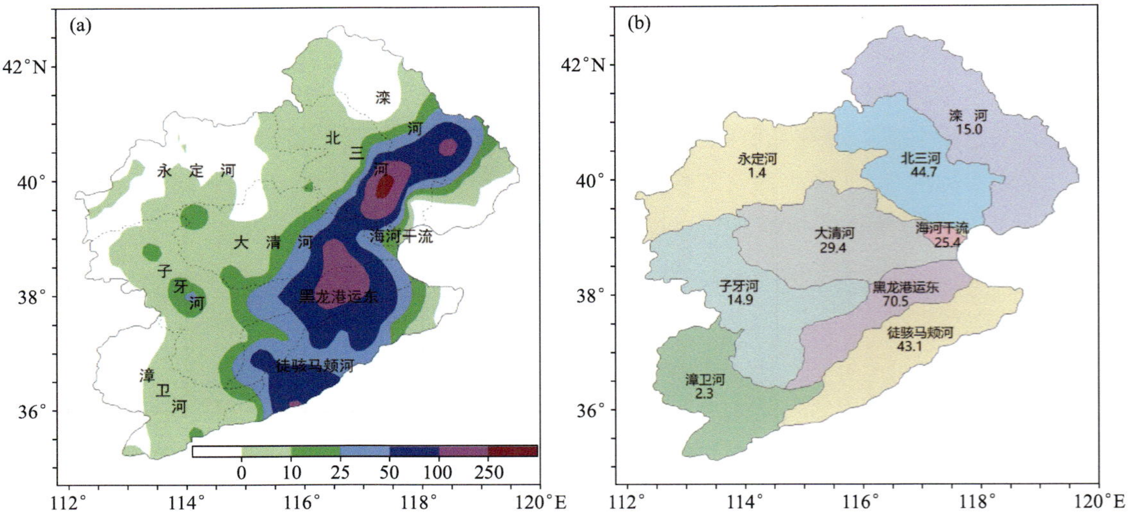

图 4.54　1978 年 7 月 25 日 24 h(a)降雨量和(b)面雨量分布(单位：mm)

(3)形势分析

影响系统——高空槽、副热带高压、减弱的台风环流、低空急流。

① 500 hPa 天气图上，有高空槽自西向东移动，24 日短波槽位于 110°E 附近，副热带高压中心位于日本海南部，主体呈块状分布。减弱的台风(198705“特里克斯”)环流沿副热带高压西侧偏南气流北上，25 日与短波槽结合，在海河流域东南部形成低涡环流，为暴雨形成提供有利的动力抬升条件。

② 低涡环流进入海河流域后，继续向东北方向移动，移动过程中低涡逐渐发展加深，低涡右侧西南急流带来丰沛的水汽和能量，强降水出现在低涡前侧暖切变线以及急流出口辐合区，低涡中心沿着副热带高压西侧气流从海河流域东北移出，暴雨落区与之有很好的对应。

③ 地面位于低压倒槽顶部，并在 25 日形成闭合低压中心，提供有利的动力条件(图 4.55)。

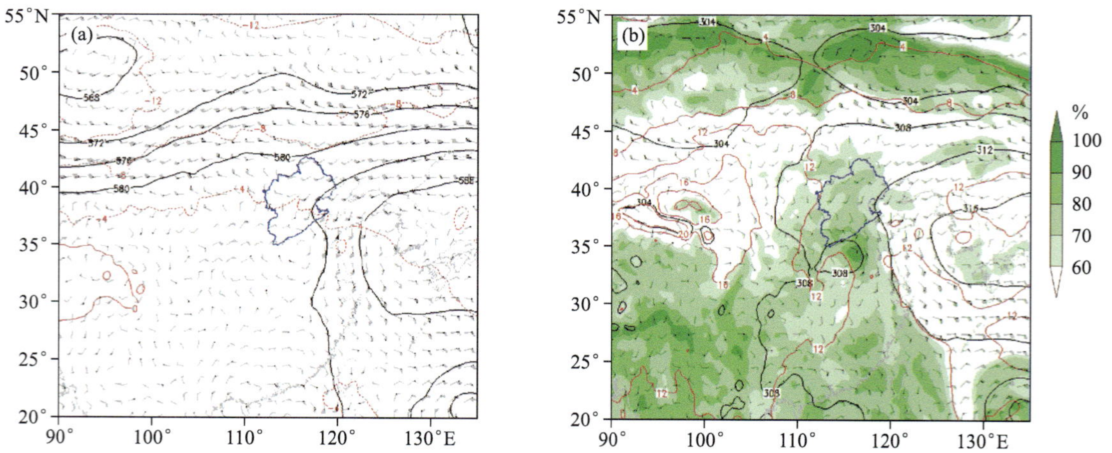

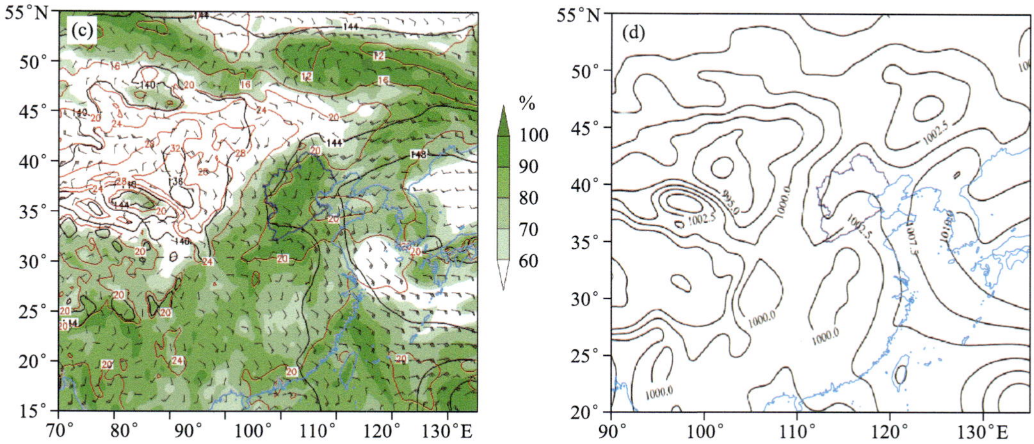

图 4.55　1978 年 7 月 24 日 20 时(a)500 hPa、(b)700 hPa、(c)850 hPa 及(d)地面天气图

4.22　1981 年 7 月 4 日暴雨

(1)暴雨时段

1981 年 7 月 3 日 20 时—4 日 20 时。

(2)雨情描述

1981 年 7 月 3—4 日海河流域中东部出现了大到暴雨,局地大暴雨,大暴雨位于黑龙港运东中下游及滦河下游。滦河、北三河、大清河面雨量达到暴雨,海河干流和黑龙港运东达到大暴雨,分别为 74.5 mm 和 82.2 mm,其他河系为中到大雨(图 4.56)。

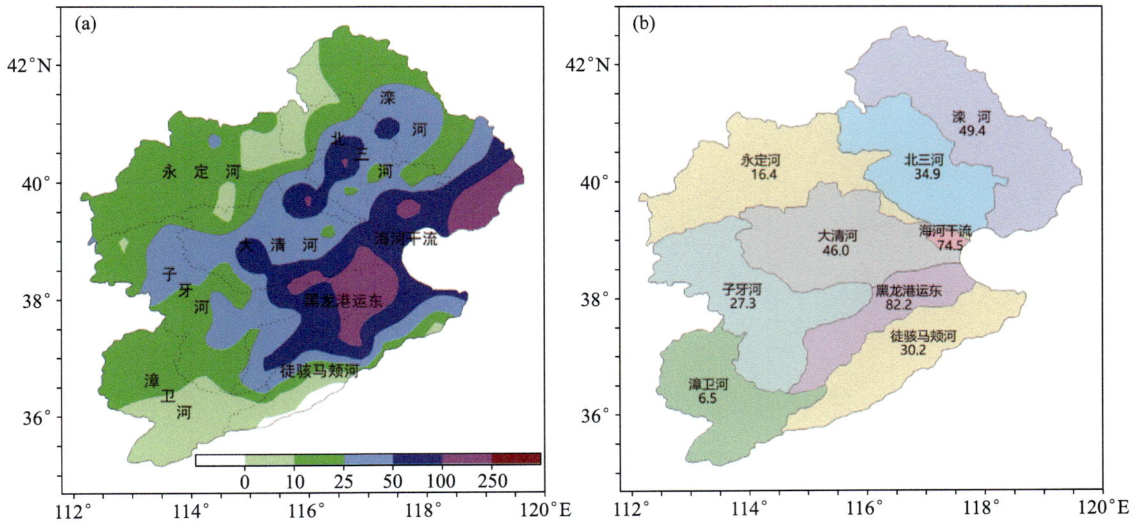

图 4.56　1981 年 7 月 4 日 24 h(a)降雨量和(b)面雨量分布(单位:mm)

(3)形势分析

影响系统——高空槽、副热带高压、低涡、西南急流、地面气旋。

① 7 月 3—4 日，500 hPa 中高纬高空槽东移，在脊前偏北气流引导和副热带高压阻挡作用下不断加深形成高空冷涡，海河流域处于槽前上升运动区。

② 中低层低涡东移，冷暖空气在海河流域中东部交汇，形成东北—西南向的切变线，同时涡前西南急流增强带来水汽，为暴雨发生提供必要的水汽和动力抬升条件。

③ 地面低压中心在向东北移的过程中不断加强，有利于中低层的动力抬升作用增加(图 4.57)。

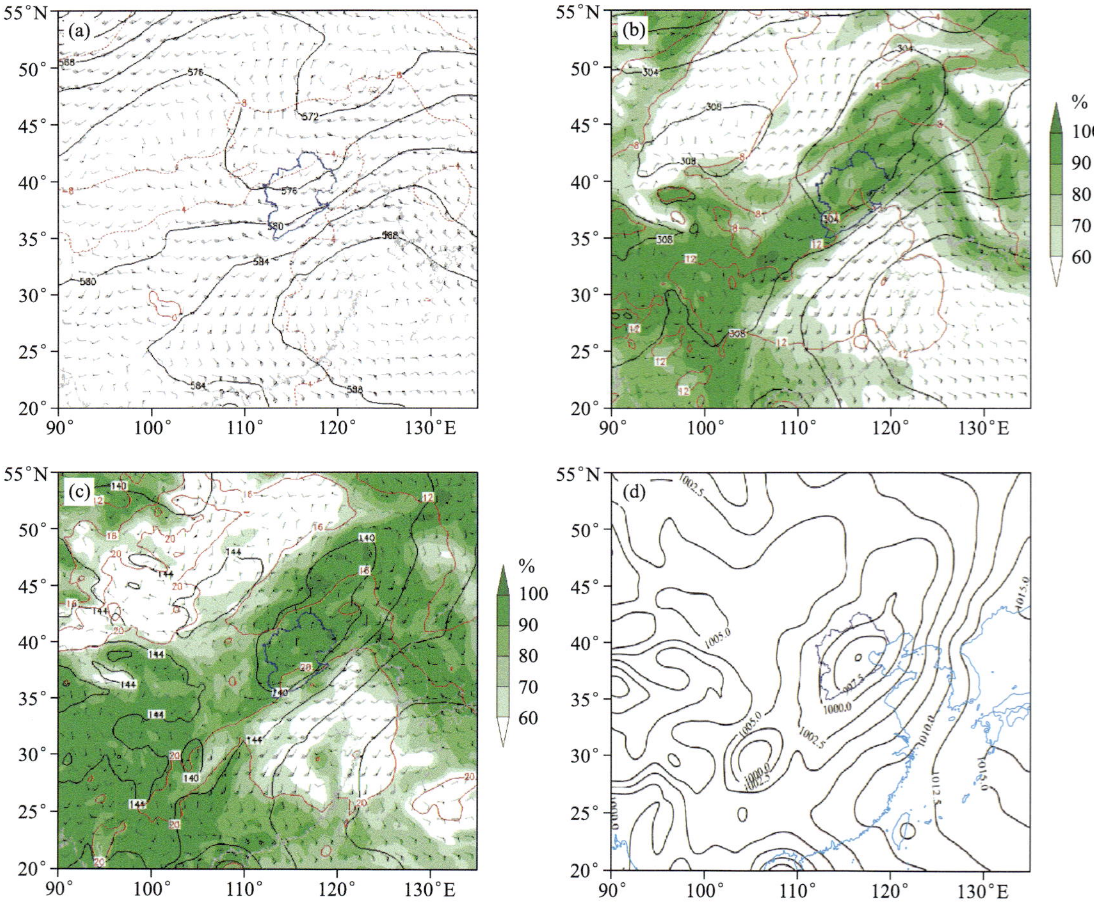

图 4.57 1981 年 7 月 4 日 08 时(a)500 hPa、(b)700 hPa、(c)850 hPa 及(d)地面天气图

4.23 1981 年 8 月 16 日暴雨

(1)暴雨时段

1981 年 8 月 15 日 20 时—16 日 20 时。

(2)雨情描述

1981 年 8 月 15—16 日，海河流域东南部出现了大到暴雨，部分地区大暴雨，大暴雨落区主要位于大清河和黑龙港运东下游、子牙河下游、徒骇马颊河上游。大清河和漳卫河面雨量达到暴雨，海河干流、黑龙港运东和徒骇马颊河达到大暴雨(图 4.58)。

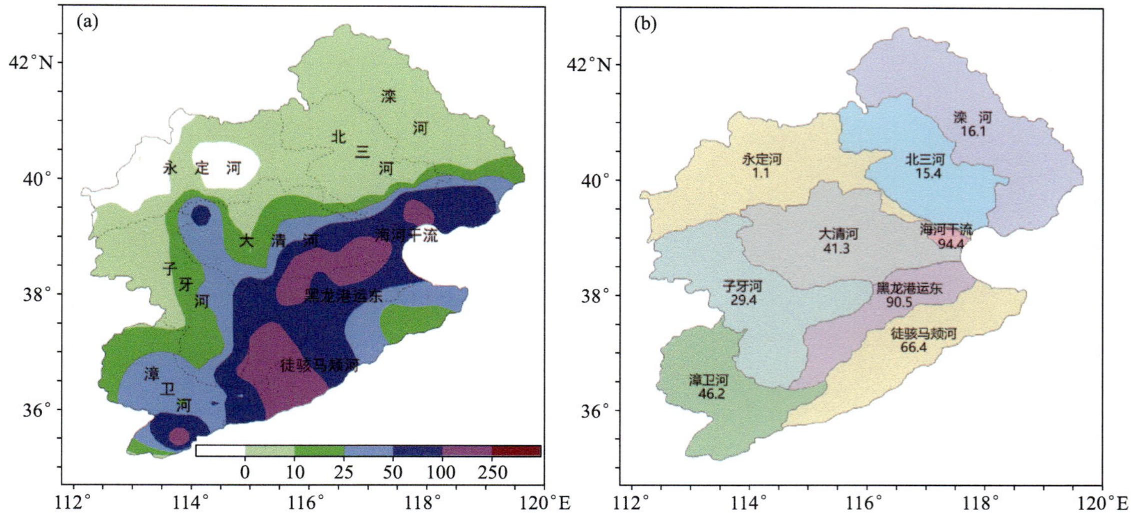

图 4.58　1981 年 8 月 16 日 24 h(a)降雨量和(b)面雨量分布(单位：mm)

(3)形势分析

影响系统——高空槽、副热带高压、低涡、切变线、低空急流、地面低压倒槽。

① 500 hPa 中高纬有高空槽东移，在此过程中副热带高压位置略有东撤南退，副热带高压西侧有较好的水汽和能量输送条件。

② 700 hPa 天气图上，有高空切变线在东移过程中不断加强，并形成低涡。低涡人字形切变线附近以及东南侧急流辐合区有显著的抬升运动，也是水汽输送辐合中心，为强降水的产生提供有利条件。低涡系统主要影响海河流域东南部，使得暴雨主要位于海河流域东南部。

③ 暴雨区位于地面倒槽顶部，低涡入海前对应地面气压降低，形成闭合低压中心，有利于海河流域东部产生强烈的上升运动(图 4.59)。

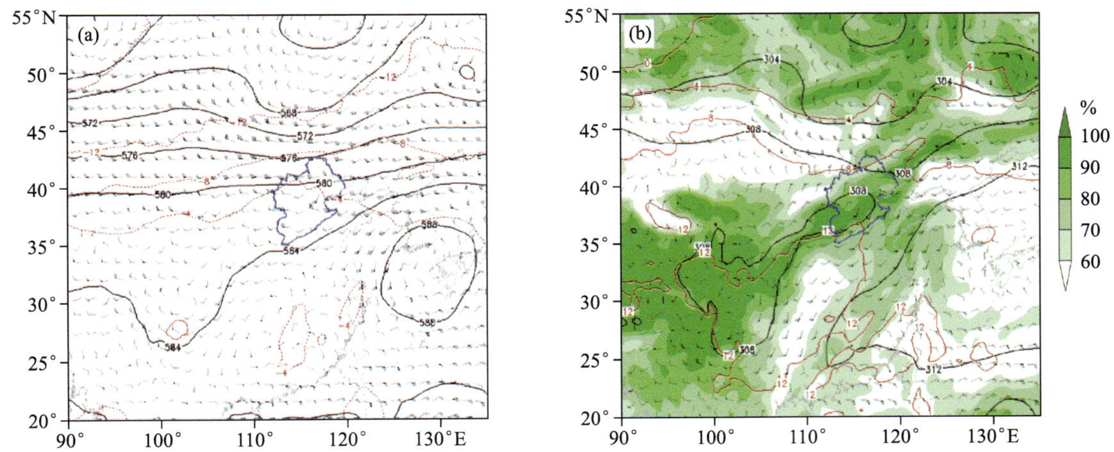

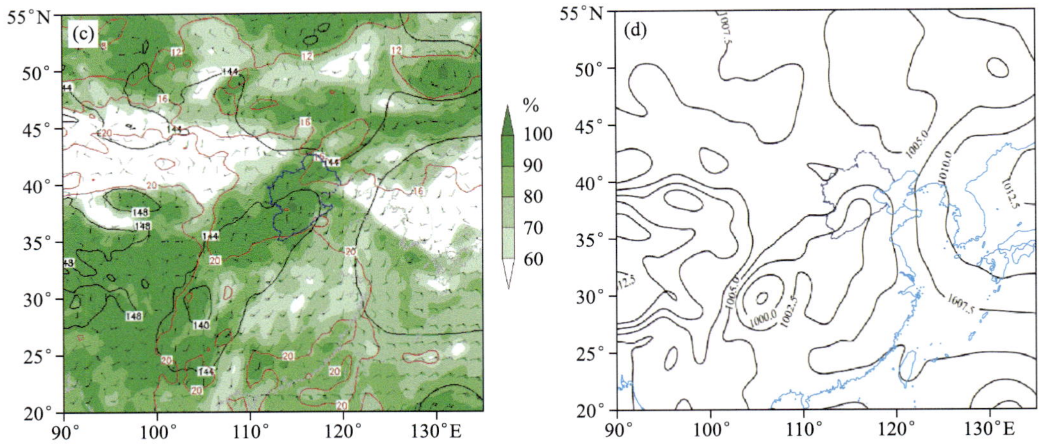

图 4.59　1981 年 8 月 16 日 08 时(a)500 hPa、(b)700 hPa、(c)850 hPa 及(d)地面天气图

4.24　1983 年 9 月 8 日暴雨

(1)暴雨时段

1983 年 9 月 7 日 20 时—8 日 20 时。

(2)雨情描述

1983 年 9 月 7—8 日，海河流域东南部出现了大到暴雨，局地大暴雨，暴雨落区主要位于黑龙港运东上游、漳卫河中下游及徒骇马颊河一带。漳卫河和黑龙港运东面雨量达到暴雨，徒骇马颊河达到大暴雨，为 76.6 mm，子牙河和海河干流出现大雨，其他子河系为小到中雨(图 4.60)。

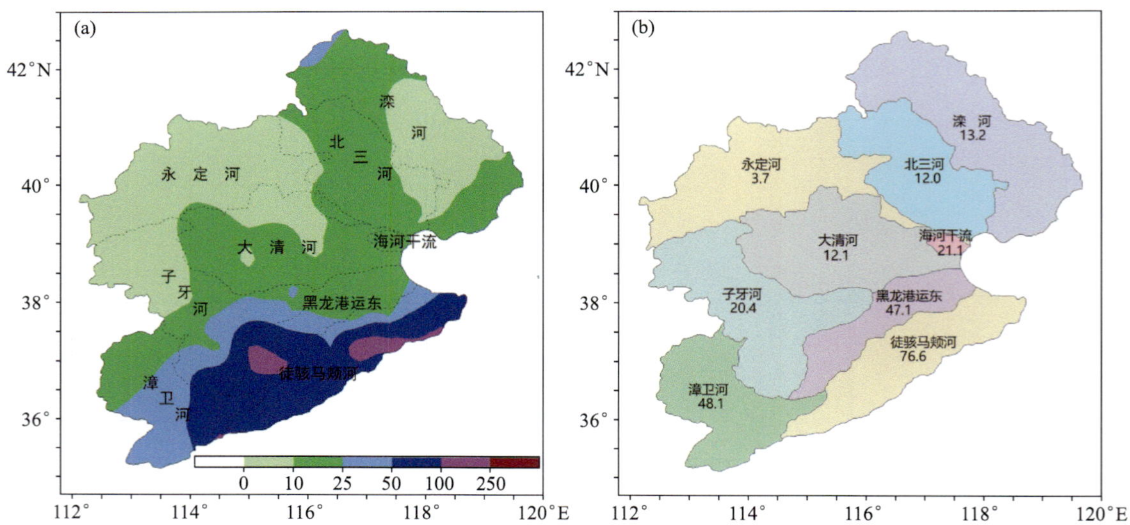

图 4.60　1983 年 9 月 8 日 24 h(a)降雨量和(b)面雨量分布(单位：mm)

(3)形势分析

影响系统——蒙古冷涡低槽、副热带高压、切变线、低空急流、低压倒槽。

① 500 hPa 蒙古冷涡东移，8 日 08 时冷涡低槽位于 110°E 附近，受日本海北部冷涡和副热带高压脊阻挡。此外，35°N 附近南支槽沿着副热带高压西北侧东移，引导南部低涡系统北上。

② 7 日，受西南涡和蒙古冷涡低槽共同作用，在河套至四川盆地一带形成狭长的南北向低涡切变线。涡前暖平流、涡后冷平流使得南部低涡加强发展，8 日开始从南部进入海河流域，人字形切变位于海河流域东南部，同时也是偏南急流出口辐合区，有利于动力抬升和水汽辐合，为暴雨的形成提供良好条件。8 日傍晚低涡系统从徒骇马颊河下游移出。

③ 地面低压倒槽不断北伸发展至海河流域东南部，倒槽顶部变压风辐合加强了动力抬升作用(图 4.61)。

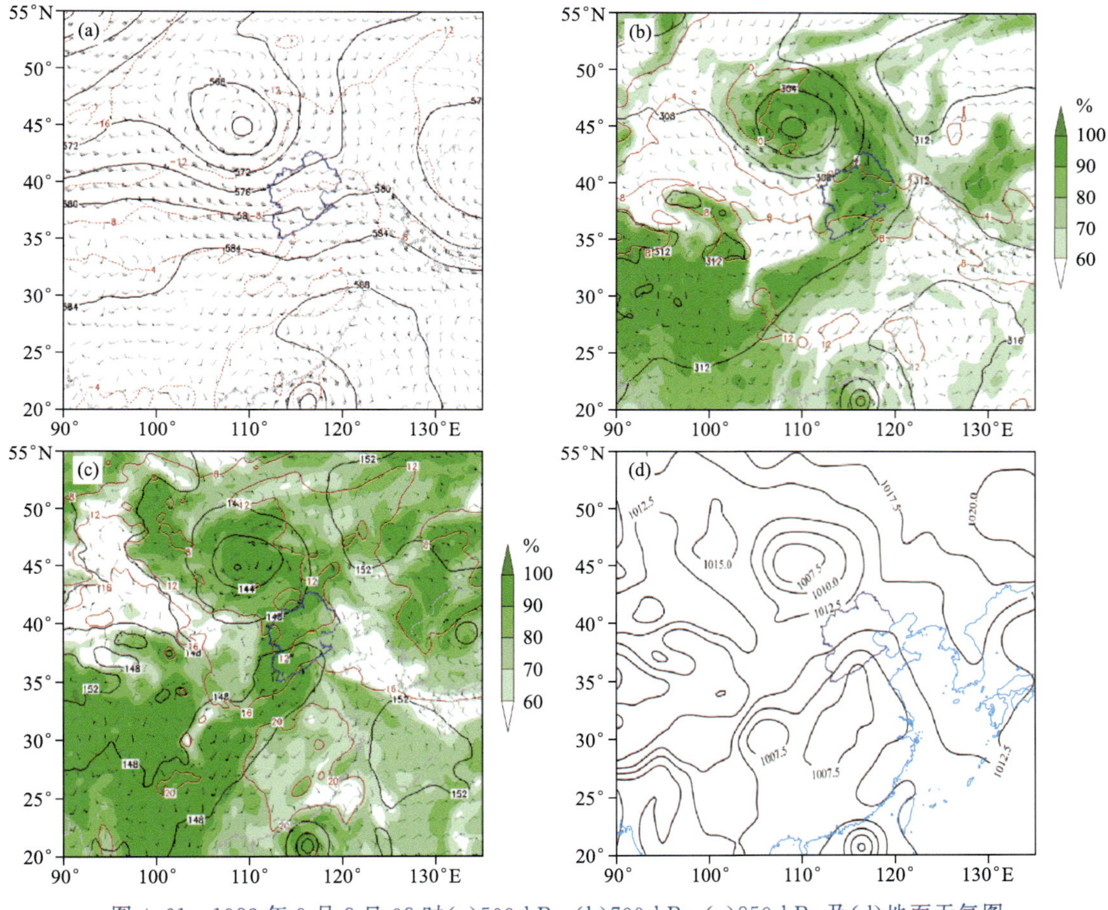

图 4.61　1983 年 9 月 8 日 08 时(a)500 hPa、(b)700 hPa、(c)850 hPa 及(d)地面天气图

4.25　1984 年 8 月 9—10 日暴雨

(1)暴雨时段

1984 年 8 月 8 日 20 时—10 日 20 时。

(2)雨情描述

1984 年 8 月 8—9 日，海河流域南部及东部部分地区出现了暴雨到大暴雨，大暴雨落区主要集中在漳卫河下游至徒骇马颊河上游、北三河中下游和海河干流。海河干流、子牙河、黑龙港运东和徒骇马颊河的面雨量达到暴雨，漳卫河面雨量达到大暴雨，为 98.6 mm(图 4.62)。

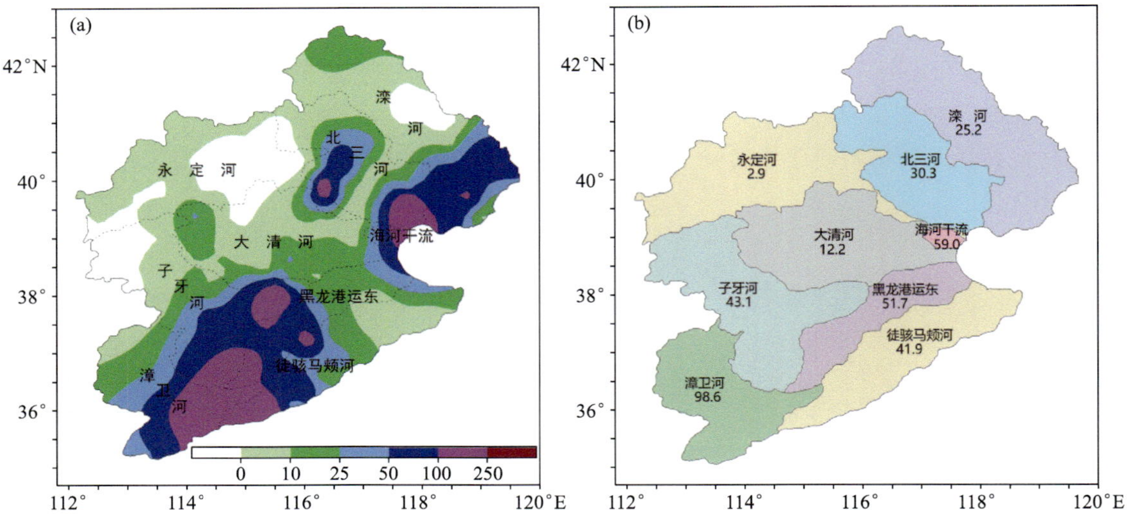

图 4.62　1984 年 8 月 9 日 24 h(a)降雨量和(b)面雨量分布(单位:mm)

9—10 日，暴雨—大暴雨出现在海河流域东部，局地特大暴雨，大暴雨主要位于滦河、北三河、大清河下游、海河干流、黑龙港运东中游以及徒骇马颊河下游。大清河面雨量为暴雨，滦河、北三河、海河干流、黑龙港运东和徒骇马颊河的面雨量为大暴雨，其中海河干流的面雨量最大，达到 141.1 mm(图 4.63)。

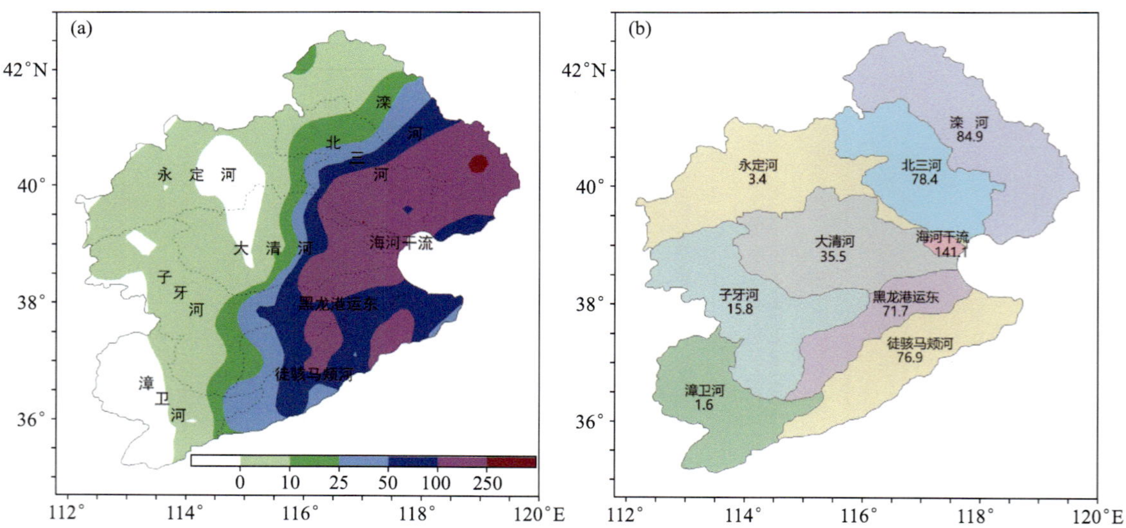

图 4.63　1984 年 8 月 10 日 24 h(a)降雨量和(b)面雨量分布(单位:mm)

(3)形势分析

影响系统——高空槽、副热带高压、台风、切变线、低空急流。

① 9 日，中高纬高空槽东移，副热带高压稳定维持在我国东部沿海，台风(198407"弗雷达")沿着副热带高压西侧偏南气流北上，高空槽与台风环流之间有副热带高压弱脊阻挡。台风环流北侧倒槽系统开始进入海河流域南部，丰沛的水汽和能量为海河流域南部的暴雨大暴雨产生提供有利的条件。同时，高层弱冷空气的渗透与台风环流外围的暖湿气流叠加造成强不稳定，产生了海河流域东北部的局地暴雨到大暴雨。

② 9 日傍晚开始，台风环流与高空槽合并加深，并继续沿着副热带高压外围气流向东北移动，途经海河流域东部，10 日 20 时，从海河流域东北部移出。减弱的台风低涡带来大量的水汽和能量，与高空槽结合增加了低涡系统的不稳定性，更有利于产生效率高的极端强降水。强降水落区位于涡旋中心以及前侧南风急流和东风急流切变附近，与减弱变性的台风路径有很高的一致性(图 4.64)。

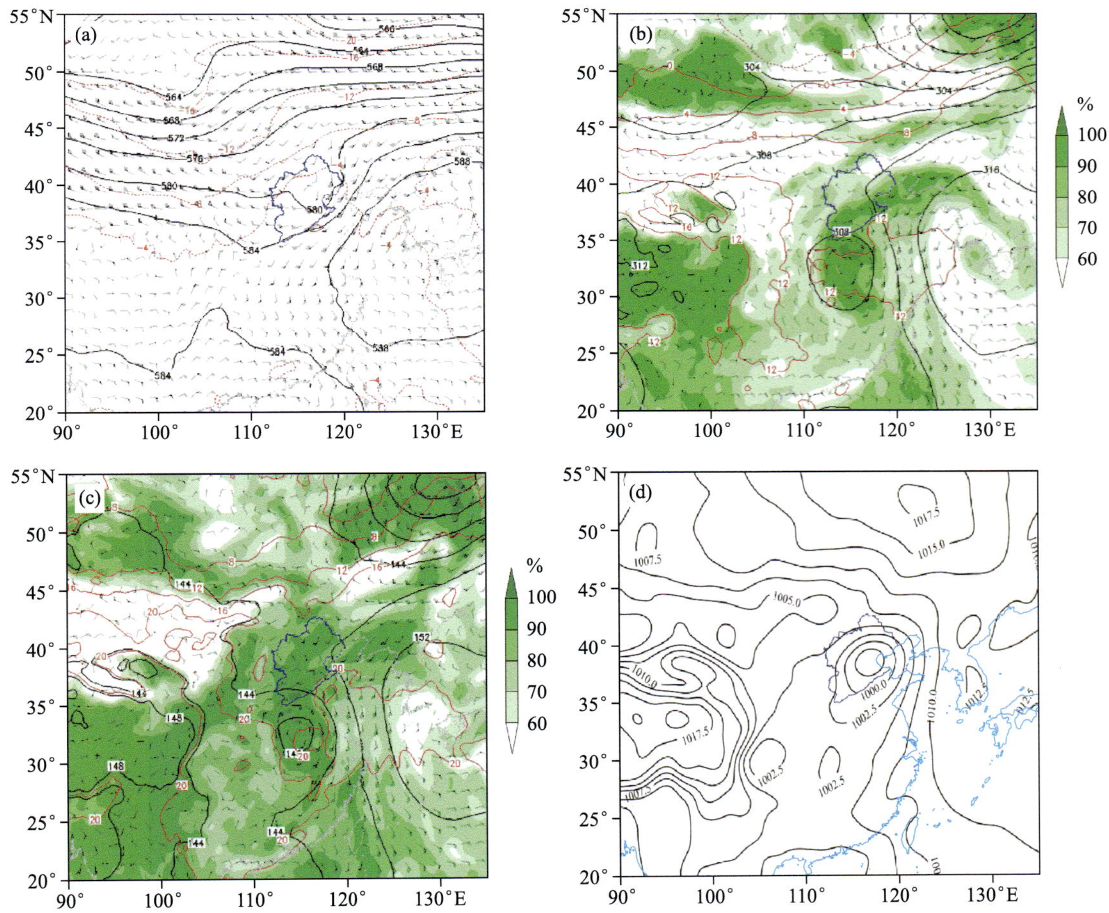

图 4.64 1984 年 8 月 9 日 08 时(a)500 hPa、(b)700 hPa、(c)850 hPa 及(d)地面天气图

4.26　1986 年 6 月 27 日暴雨

(1)暴雨时段

1986 年 6 月 26 日 20 时—27 日 20 时。

(2)雨情描述

1986 年 6 月 26—27 日海河流域中北部出现大到暴雨,个别站大暴雨,暴雨主要位于滦河下游、北三河、大清河、永定河下游。永定河和滦河的面雨量达到暴雨,北三河、大清河和海河干流的面雨量达到大暴雨,其他子河系为中到大雨(图 4.65)。

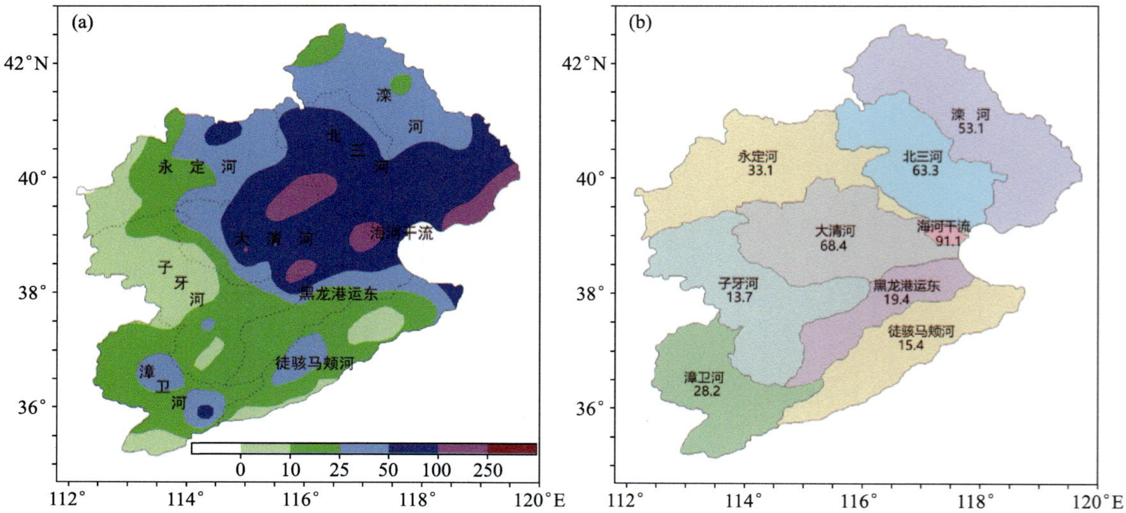

图 4.65　1986 年 6 月 27 日 24 h(a)降雨量和(b)面雨量分布(单位:mm)

(3)形势分析

影响系统——蒙古冷涡低槽、副热带高压、低涡、低空急流、地面气旋。

① 500 hPa 蒙古冷涡低槽不断东移,同时在 35°N 副热带高压脊线西侧有南支短波槽向偏东方向移动,27 日两槽在海河流域中部同位相叠加加深,海河流域中东部地区处在槽前上升运动区。

② 700 hPa 天气图上,对应冷涡低槽存在一低涡,同时四川盆地东部有西南涡发展。在副热带高压脊阻挡以及西南气流引导下,两低涡合并,26 日夜间低涡中心位于海河流域西部,高空槽加深后低涡后部的冷平流增强,低涡系统加深发展斜压性增强,低涡右侧西南急流维持,并形成人字形切变,西南急流带来丰富的水汽,切变线附近和急流出口辐合区的动力抬升作用为暴雨发生提供必要条件。

③ 地面天气图上,气旋在向东北移动过程中加强,气旋前侧位于海河流域中东部,与强降水区有较好的一致性(图 4.66)。

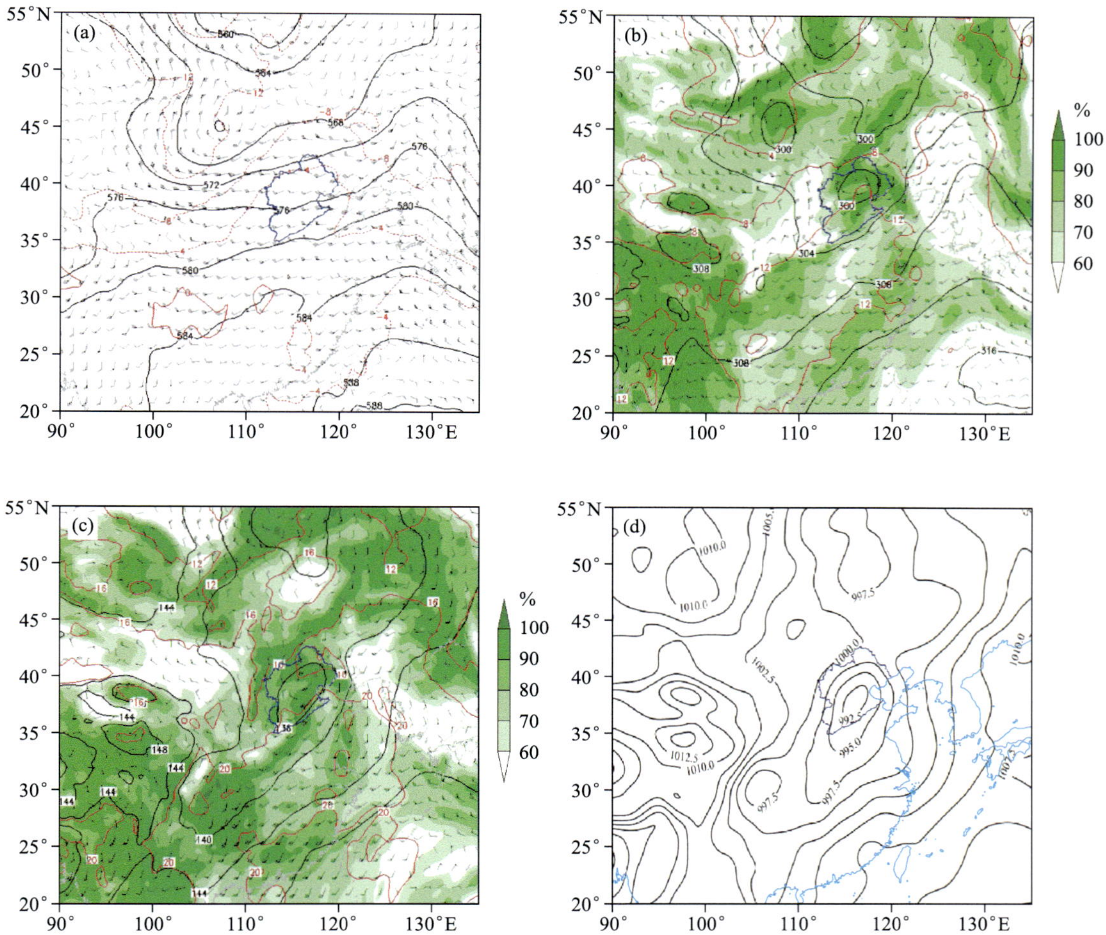

图 4.66　1986 年 6 月 27 日 08 时(a)500 hPa、(b)700 hPa、(c)850 hPa 及(d)地面天气图

4.27　1987 年 8 月 26 日暴雨

(1)暴雨时段

1987 年 8 月 25 日 20 时—26 日 20 时。

(2)雨情描述

1987 年 8 月 25—26 日海河流域东南部出现暴雨到大暴雨，大暴雨主要位于海河干流及黑龙港运东中下游。海河干流和黑龙港运东的面雨量达到 100 mm 以上，子牙河和徒骇马颊河的面雨量达到暴雨(图 4.67)。

(3)形势分析

影响系统——蒙古冷涡、低涡、低空急流、地面气旋。

① 500 hPa 中高纬度有蒙古冷涡低槽东移，副热带高压呈纬向分布，在低槽东移过程中先

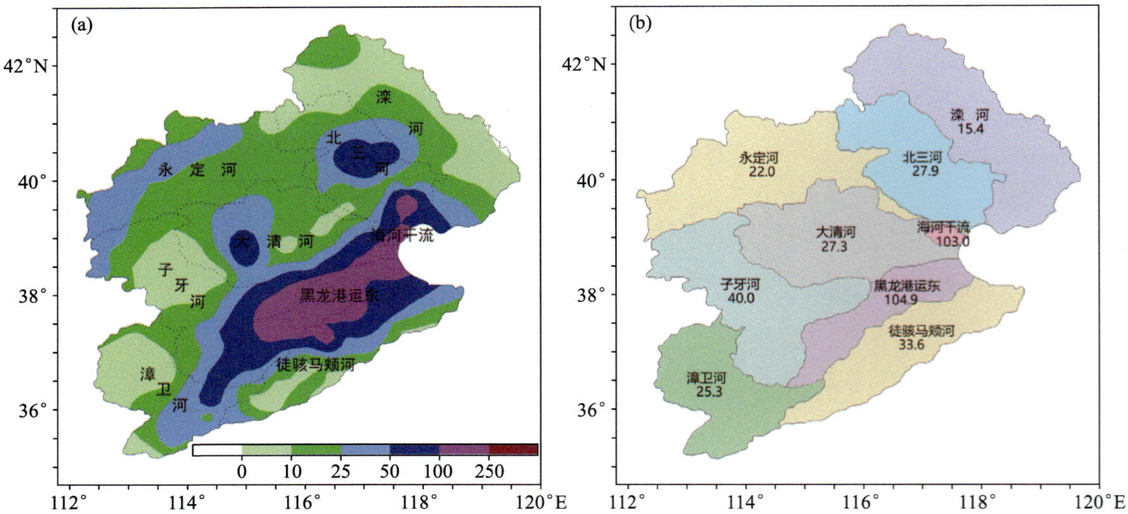

图 4.67　1987 年 8 月 26 日 24 h(a)降雨量和(b)面雨量分布(单位:mm)

北抬后略南撤。

② 25 日 20 时 700 hPa 天气图上,青海东部出现西北涡,后沿着高空槽前西南偏西气流向东北方向移动,涡后冷平流、涡前暖平流的配置使得低涡系统不断加强。26 日 08—20 时,低涡人字形切变线自西向东影响海河流域中部,西南低空急流带来充足水汽和能量,低涡切变线附近以及急流出口辐合区良好的动力抬升条件是暴雨发生的重要因素。

③ 地面低压倒槽在东移过程中不断发展并形成气旋,进一步加强海河流域东部辐合上升运动,有利于降水加强(图 4.68)。

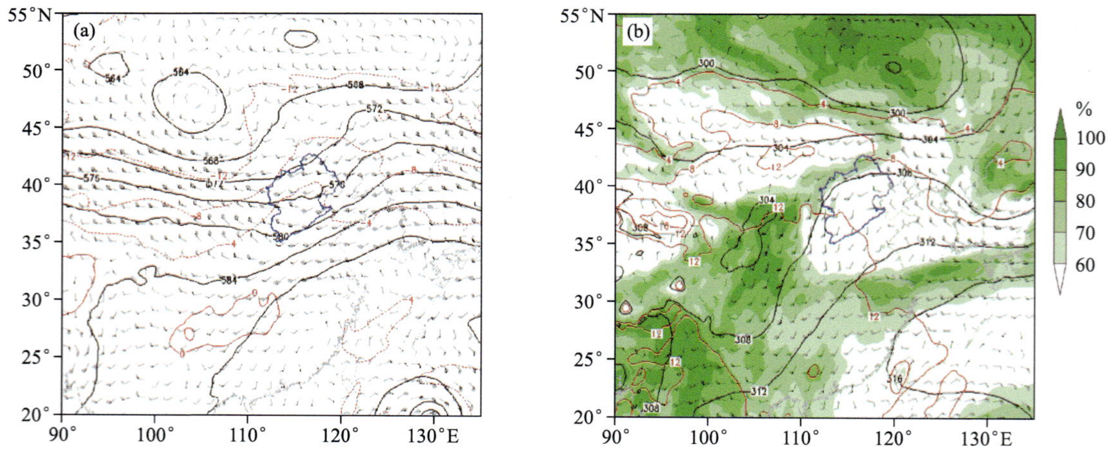

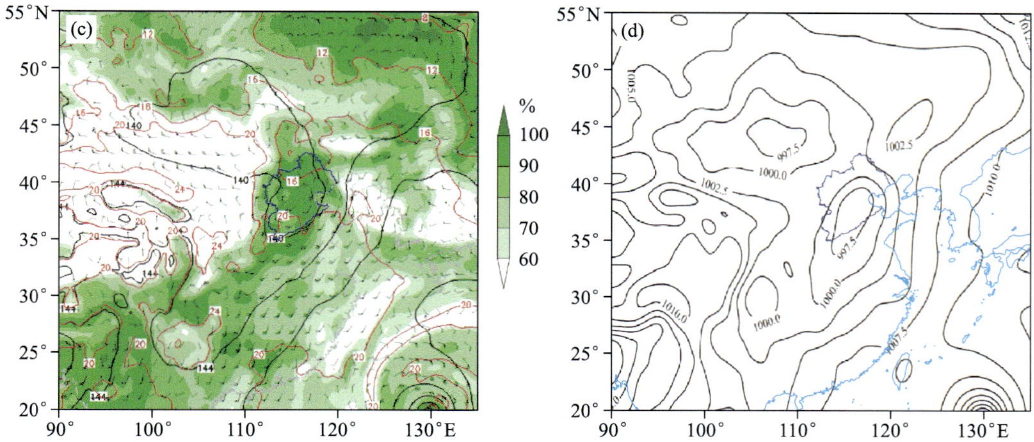

图 4.68　1987 年 8 月 26 日 20 时(a)500 hPa、(b)700 hPa、(c)850 hPa 及(d)地面天气图

4.28　1989 年 7 月 17 日暴雨

(1)暴雨时段

1989 年 7 月 16 日 20 时—17 日 20 时。

(2)雨情描述

1989 年 7 月 16—17 日海河流域中部大部分地区出现大到暴雨，局地大暴雨，暴雨主要位于大清河、子牙河下游、漳卫河下游、徒骇马颊河中上游及黑龙港运东一带。大清河、海河干流、子牙河和徒骇马颊河的面雨量达到暴雨，黑龙港运东的面雨量达到大暴雨，为 72.9 mm，其他子河系为中到大雨(图 4.69)。

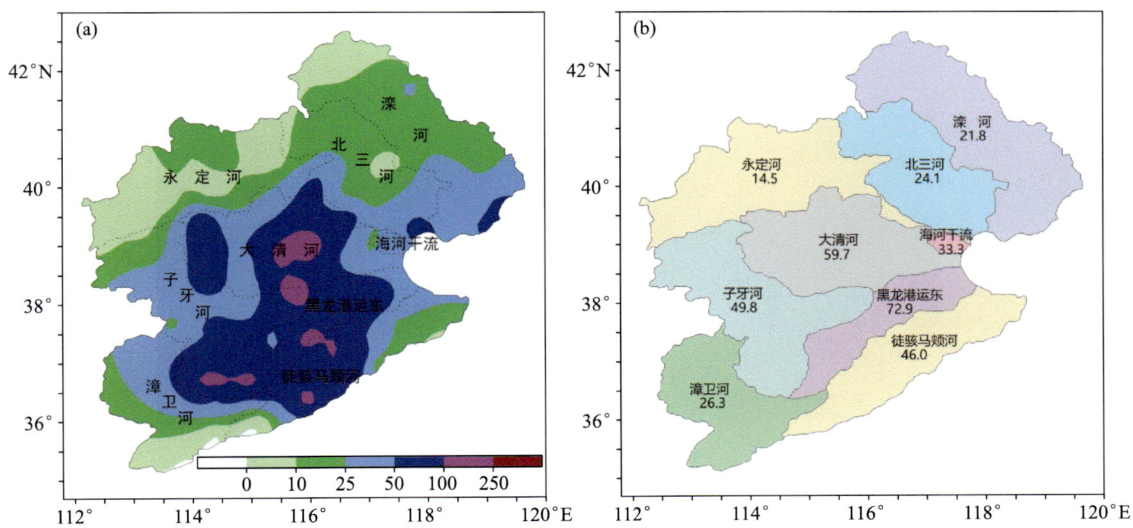

图 4.69　1989 年 7 月 17 日 24 h(a)降雨量和(b)面雨量分布(单位：mm)

(3)形势分析

影响系统——高空槽、低涡、切变线、低空急流、地面低压倒槽。

① 16 日夜间至 17 日，500 hPa 中高纬有短波槽东移，副热带高压呈纬向带状分布，副热带高压边缘北侧有南支槽东移，17 日两短波槽同位相叠加加深发展，海河流域中部位于槽前正涡度区，有系统性上升运动。

② 700 hPa 天气图上，西北涡东移，西南气流加强，涡后冷空气渗入，低涡环流在海河流域中部加深发展，形成人字形切变线，切变线以及急流出口辐合抬升作用为暴雨提供动力抬升条件，涡旋右侧西南低空急流输送暖湿空气，为暴雨区提供了充足的水汽和不稳定能量。

③ 地面天气图上，海河流域中部处在低压倒槽区域，有利于动力抬升(图 4.70)。

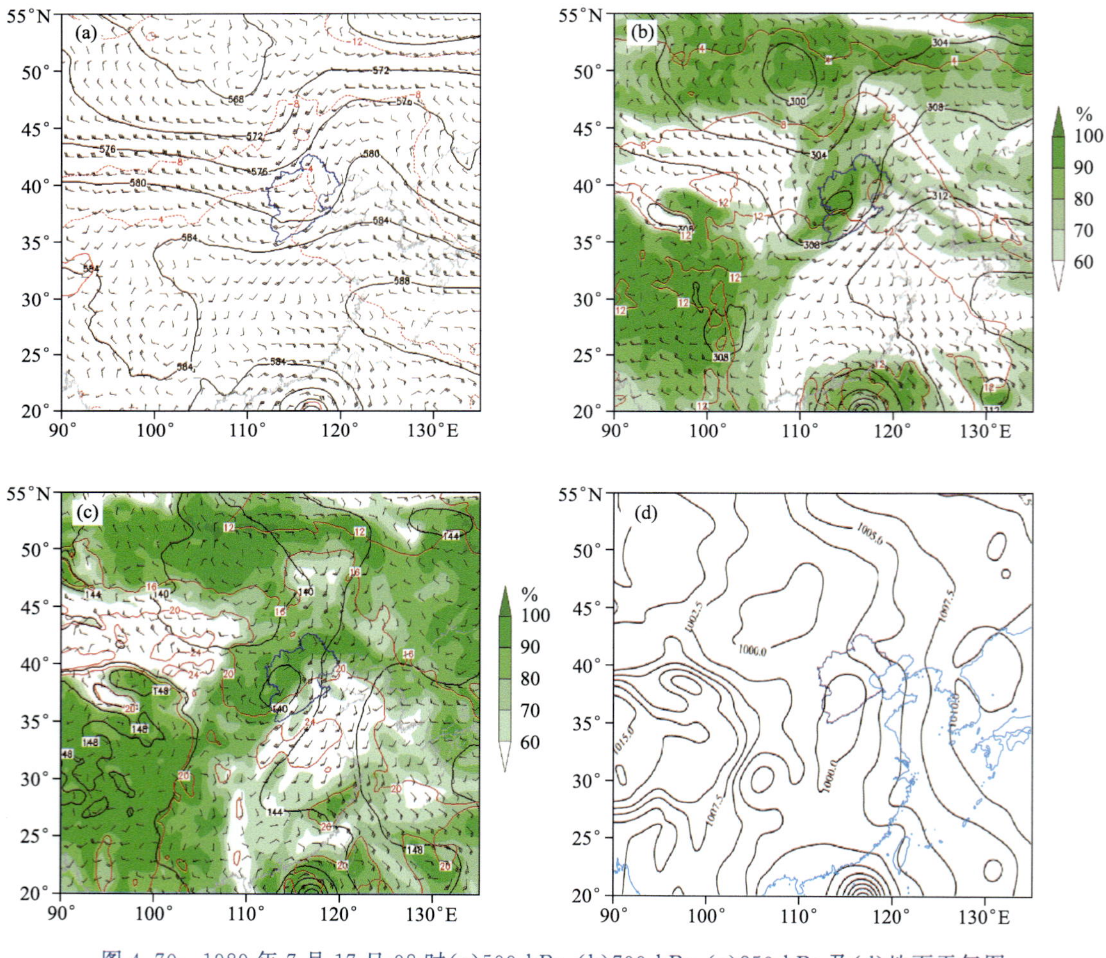

图 4.70　1989 年 7 月 17 日 08 时(a)500 hPa、(b)700 hPa、(c)850 hPa 及(d)地面天气图

4.29　1991年7月28日暴雨

(1)暴雨时段

1991年7月27日20时—28日20时。

(2)雨情描述

1991年7月27—28日,海河流域中部和东部大部分地区出现大到暴雨,局地大暴雨,大暴雨主要位于大清河下游及黑龙港运东下游。北三河、大清河、黑龙港运东和徒骇马颊河面雨量达到暴雨,海河干流的面雨量达到大暴雨,为78.6 mm(图4.71)。

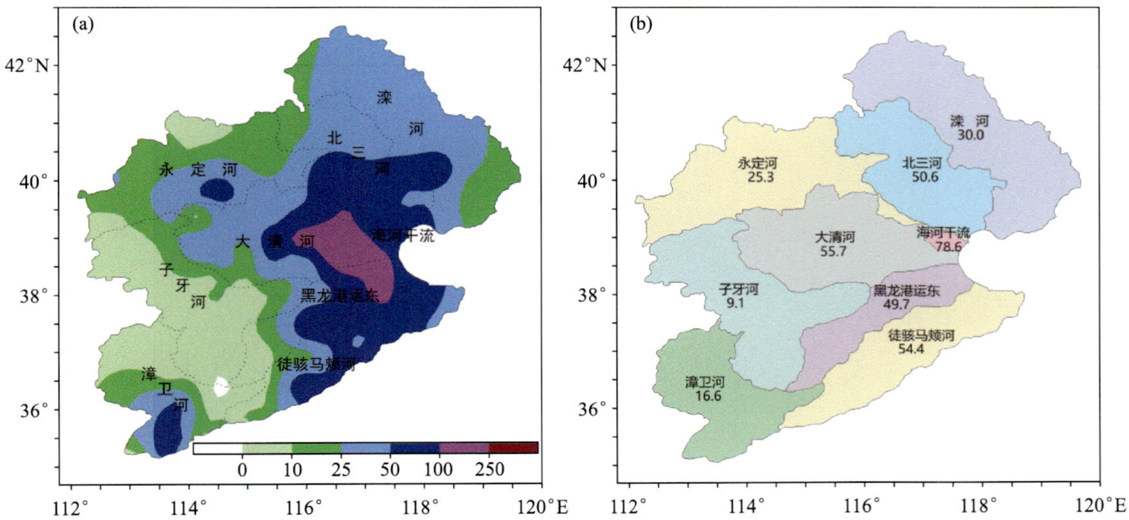

图4.71　1991年7月28日24 h(a)降雨量和(b)面雨量分布(单位:mm)

(3)形势分析

影响系统——蒙古冷涡、低涡、切变线、地面低压倒槽。

① 27日20时500 hPa有蒙古冷涡,海河流域处于冷涡东南象限西南气流中,槽前有系统性抬升运动。

② 随着冷涡低槽东移,700 hPa西北涡与低槽合并加强,冷性低涡切变线自西向东影响海河流域中部;28日我国东部沿海的副热带高压脊线略有北抬,850 hPa以下有偏东暖湿气流输送,与北方弱冷空气结合在海河流域中部形成中尺度低涡,在冷暖空气共同作用下低涡东移加强,同时低层暖湿、高层干冷的配置有利于不稳定性增强,有利于对流性降水发生。

③ 地面天气图上,低压倒槽不断北抬,有利于辐合抬升作用增强(图4.72)。

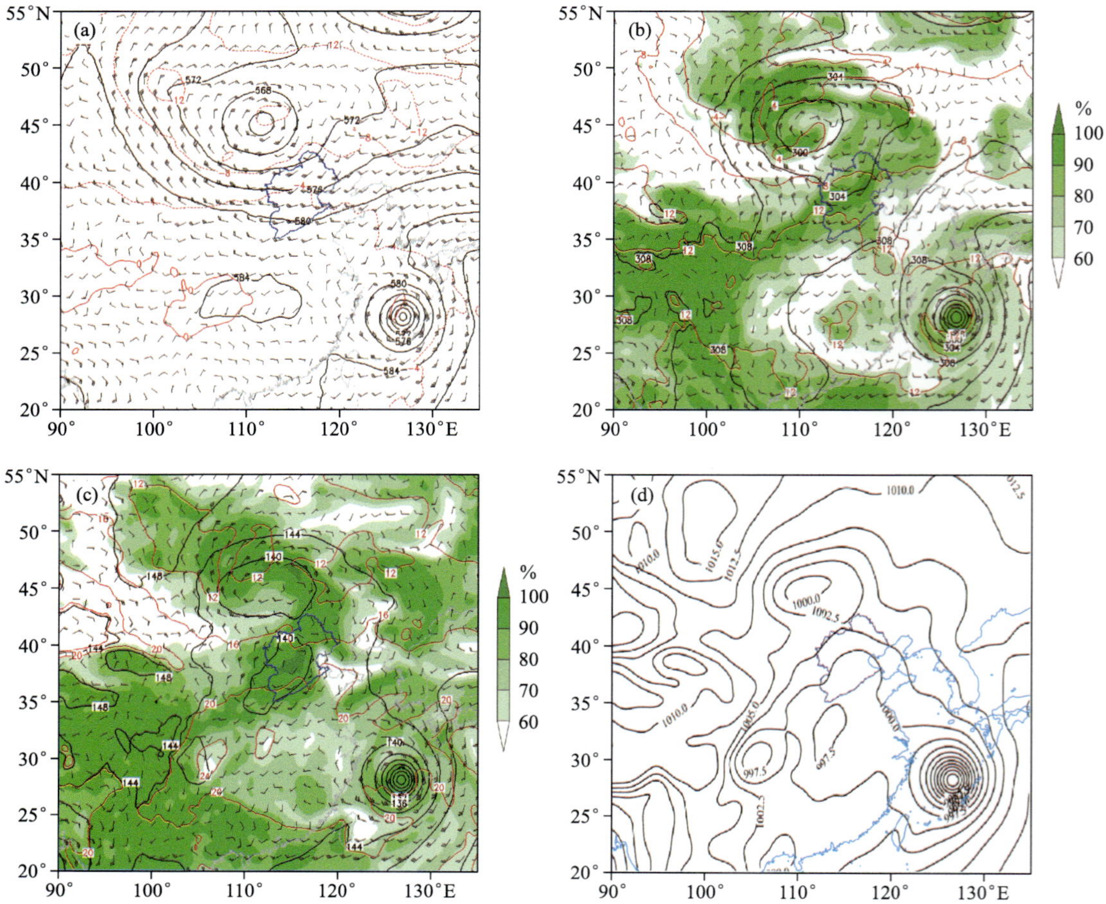

图 4.72　1991 年 7 月 28 日 08 时(a)500 hPa、(b)700 hPa、(c)850 hPa 及(d)地面天气图

4.30　1994 年 7 月 12—13 日暴雨

(1)暴雨时段

1994 年 7 月 11 日 20 时—13 日 20 时。

(2)雨情描述

1994 年 7 月 12 日海河流域中部自南向北出现大到暴雨，局地大暴雨，暴雨到大暴雨落区在海河流域中部偏东区域呈南北狭长带状分布，覆盖滦河中游、北三河中游、大清河中下游、子牙河下游、漳卫河下游及黑龙港运东、徒骇马颊河上游。大清河、子牙河、北三河、滦河和黑龙港运东的面雨量达到暴雨，漳卫河面雨量达到大暴雨，为 140.8 mm(图 4.73)。

7 月 13 日，暴雨—大暴雨主要影响海河流域东北部，其中北三河和滦河出现大暴雨。大清河的面雨量达到暴雨，北三河和滦河地区面雨量达到大暴雨，分别为 66.0 mm 和 73.4 mm，其他子河系为中到大雨(图 4.74)。

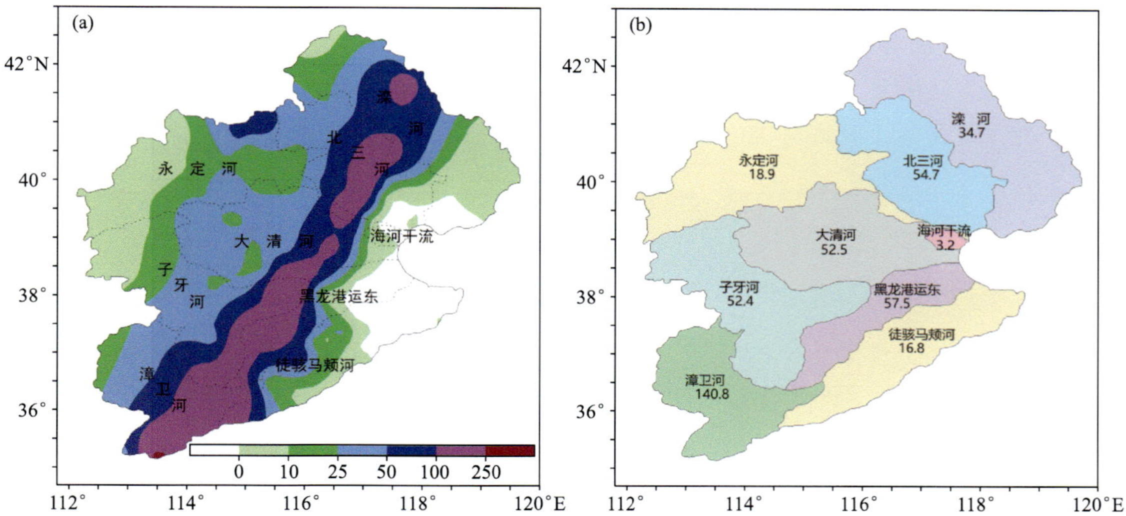

图 4.73 1994 年 7 月 12 日 24 h(a)降雨量和(b)面雨量分布(单位:mm)

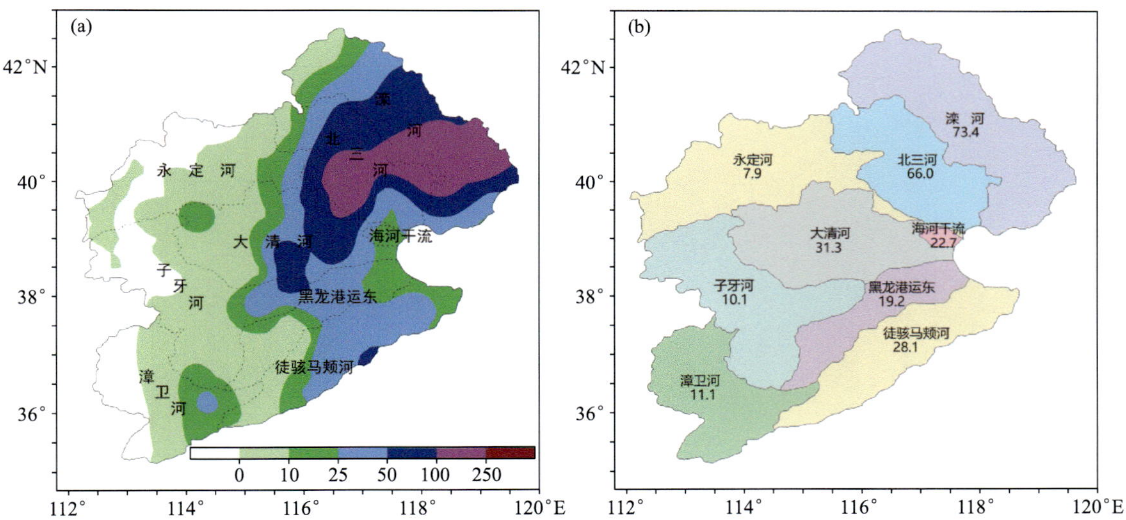

图 4.74 1994 年 7 月 13 日 24 h(a)降雨量和(b)面雨量分布(单位:mm)

(3)形势分析

影响系统——高空槽、副热带高压、台风、切变线、低空急流。

① 500 hPa 形势场中高纬度有高空槽东移,副热带高压中心位于我国东部沿海,脊线呈南北向分布,减弱的台风环流(199406"提姆")沿着副热带高压西侧偏南气流北上,在 12 日白天与高空槽合并加深。减弱的台风倒槽自南向北影响海河流域,台风东侧偏南气流带来丰沛的水汽和能量,弱冷空气的入侵有利于不稳定性增强,有利于暴雨发生。13 日台风环流进一步减弱消失,形成冷切变线,影响海河流域东北部。

② 12 日热带气旋在迅速北上过程中低压中心强度有所减弱,但依旧保持着完整的涡旋结

构，强降水出现在减弱的台风低压中心附近以及南风与东北风倒槽切变以南，强降水落区与减弱的台风低压路径有较好一致性。

③ 地面天气图上，台风低压环流在北上过程中逐渐减弱，海河流域一直位于低压北部的倒槽中，有利于形成上升运动(图 4.75)。

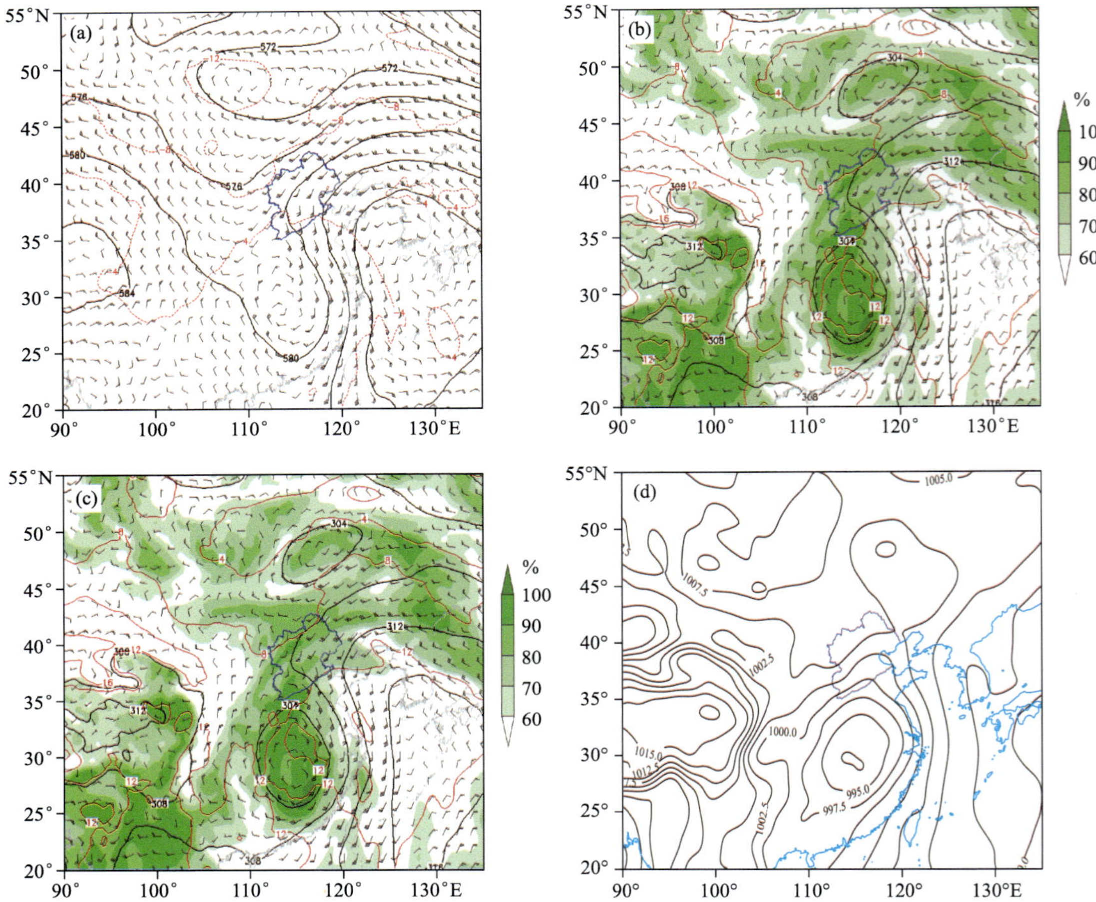

图 4.75 1994 年 7 月 12 日 08 时(a)500 hPa、(b)700 hPa、(c)850 hPa 及(d)地面天气图

4.31 1994 年 8 月 6 日暴雨

(1)暴雨时段

1994 年 8 月 5 日 20 时—6 日 20 时。

(2)雨情描述

1994 年 8 月 5—6 日，海河流域东部普降大到暴雨，其中北三河、大清河、子牙河、滦河下游和海河干流出现暴雨，局地大暴雨。滦河、北三河、黑龙港运东的面雨量达到暴雨，海河干流的面雨量达到大暴雨，为 106.0 mm(图 4.76)。

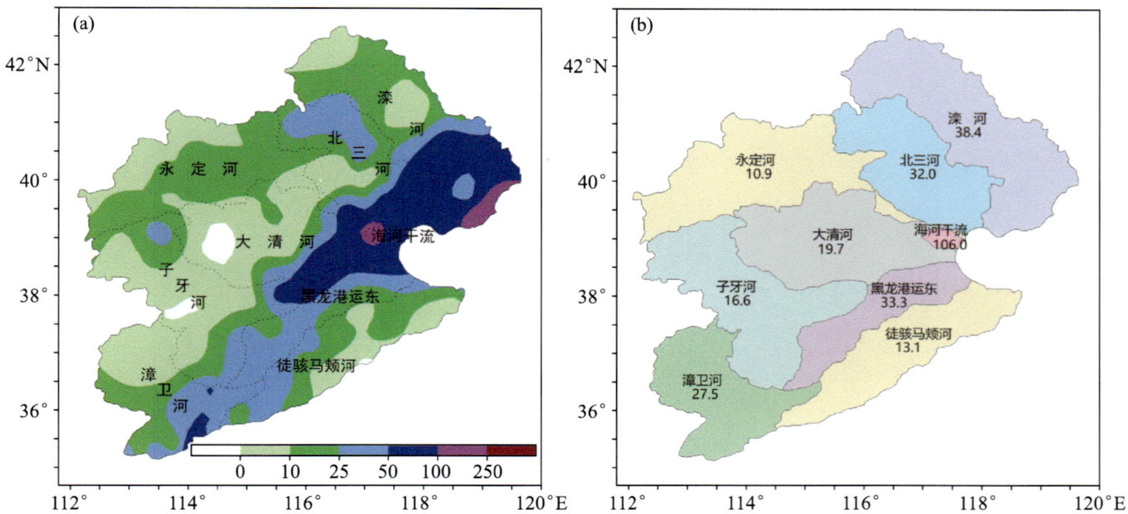

图 4.76　1994 年 8 月 6 日 24 h(a)降雨量和(b)面雨量分布(单位:mm)

(3)形势分析

影响系统——低槽、副热带高压、切变线、地面低压倒槽。

① 8 月 6 日 08 时 500 hPa 天气图上,亚洲中高纬地区有一宽广低槽,副热带高压呈块状分布于我国东部沿海,减弱的台风低压环流(199413“凯特琳”)位于湖南南部地区,台风环流与副热带高压之间偏南气流与北部高空槽前偏南气流打通,形成显著的水汽和能量通道,在海河流域东南部与弱冷空气交汇形成强烈辐合抬升运动,有利于降水对流性增强。

② 8 月 6 日,台风低压倒槽北伸至海河流域东部,同时与北部冷高压形成锋面,有利于低层上升运动加强(图 4.77)。

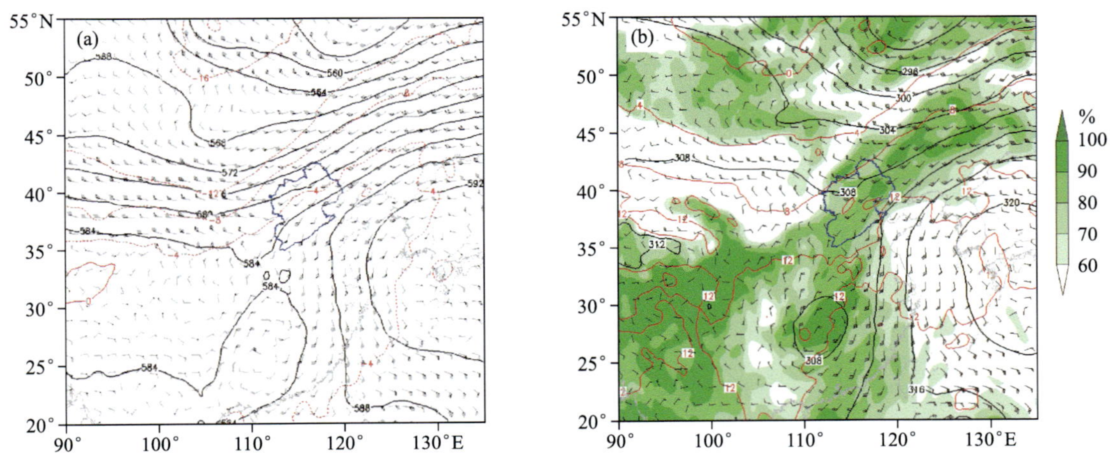

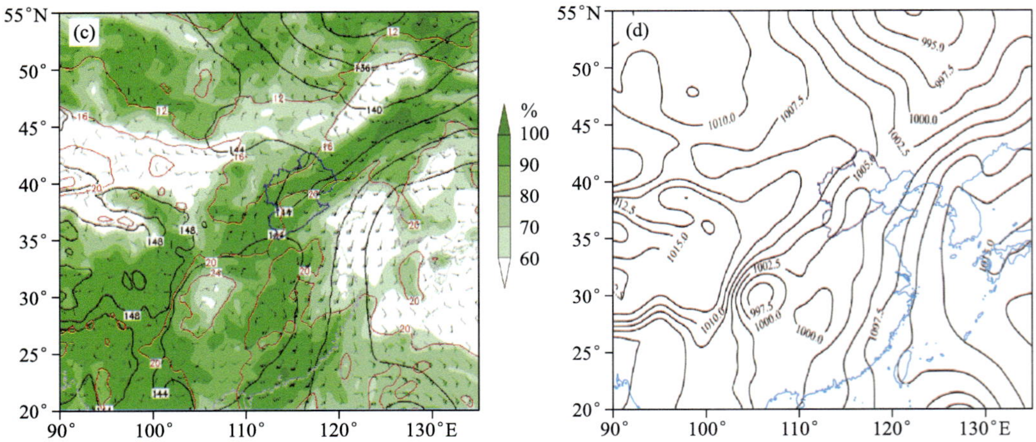

图 4.77　1994 年 8 月 6 日 08 时(a)500 hPa、(b)700 hPa、(c)850 hPa 及(d)地面天气图

4.32　1995 年 7 月 25 日暴雨

(1)暴雨时段

1995 年 7 月 24 日 20 时—25 日 20 时。

(2)雨情描述

1995 年 7 月 24—25 日，海河流域南部和东部普降大到暴雨，其中北三河和滦河下游出大暴雨。滦河、黑龙港运东和徒骇马颊河面雨量达到暴雨，海河干流和漳卫河的面雨量达到大暴雨，分别为 70.3 mm 和 63.3 mm，其余子河系除永定河外，面雨量普遍超过 20 mm(图 4.78)。

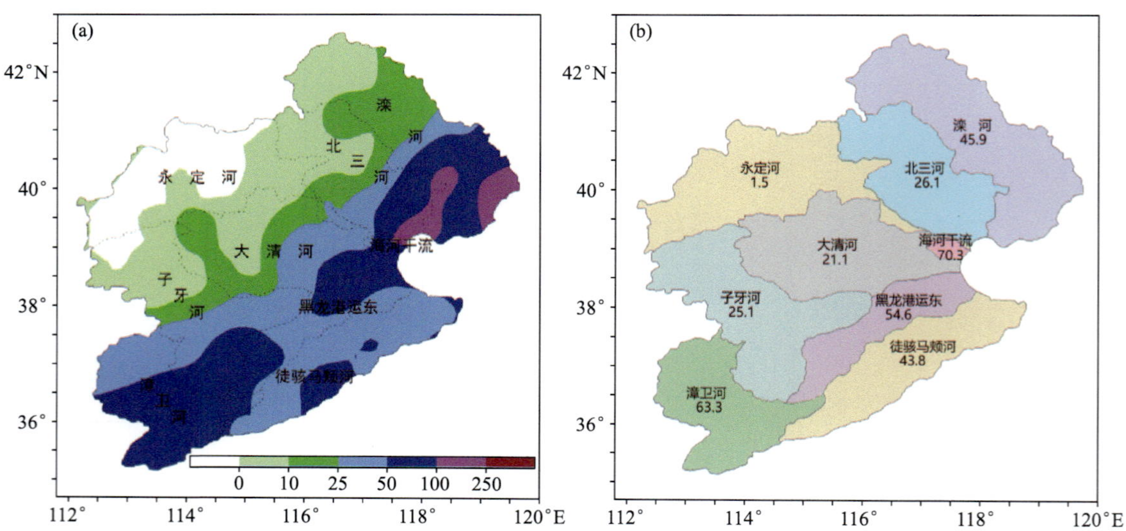

图 4.78　1995 年 7 月 25 日 24 h(a)降雨量和(b)面雨量分布(单位：mm)

(3)形势分析

影响系统——高空槽、副热带高压、低涡、切变线、地面低压倒槽。

① 7 月 25 日 08 时 500 hPa 天气图上，中高纬地区有一低槽，海河流域位于低槽槽前，槽前西南气流不断向海河流域西南部地区输送水汽和热量。受副热带高压的阻挡，20 时高空槽东移缓慢略加深发展，在海河流域地区形成辐合上升区，有利于暴雨发展和维持。

② 7 月 25 日 08 时，850 hPa 和 700 hPa 低涡切变线位于海河流域东南部，形成有利的辐合上升区，切变线东侧西南气流较强，有利于水汽向海河流域东部输送。20 时低涡随 500 hPa 低槽东移北抬，影响海河流域东北部地区。

③ 7 月 25 日 08 时，地面有低压倒槽向北伸展至海河流域东部，有利于形成上升运动(图 4.79)。

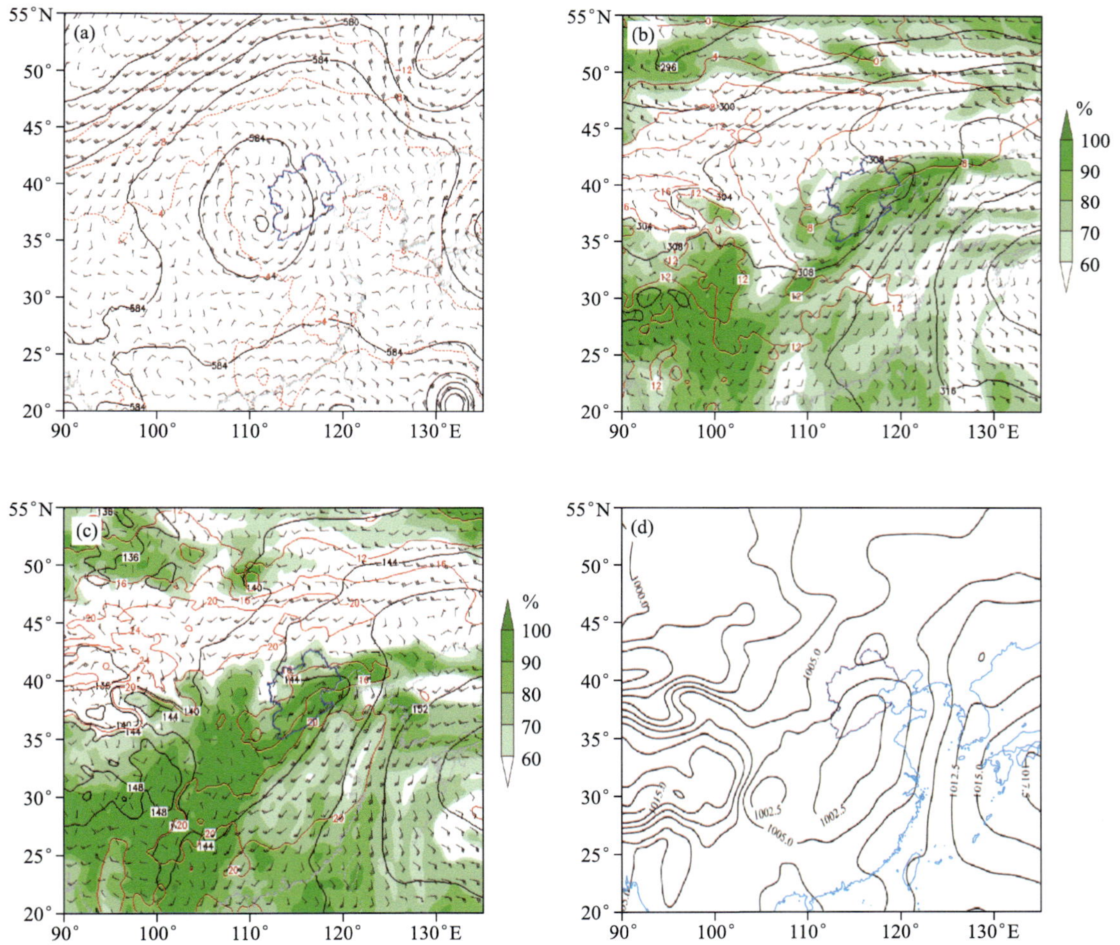

图 4.79　1995 年 7 月 25 日 08 时(a)500 hPa、(b)700 hPa、(c)850 hPa 及(d)地面天气图

4.33 1995 年 8 月 6 日暴雨

(1)暴雨时段

1995 年 8 月 5 日 20 时—6 日 20 时。

(2)雨情描述

1995 年 8 月 5—6 日,海河流域中部普降大到暴雨,其中子牙河局部出现大暴雨。大清河、子牙河和黑龙港运东面雨量达到暴雨,海河干流面雨量达到大暴雨,为 67.9 mm,其他子河系为中到大雨(图 4.80)。

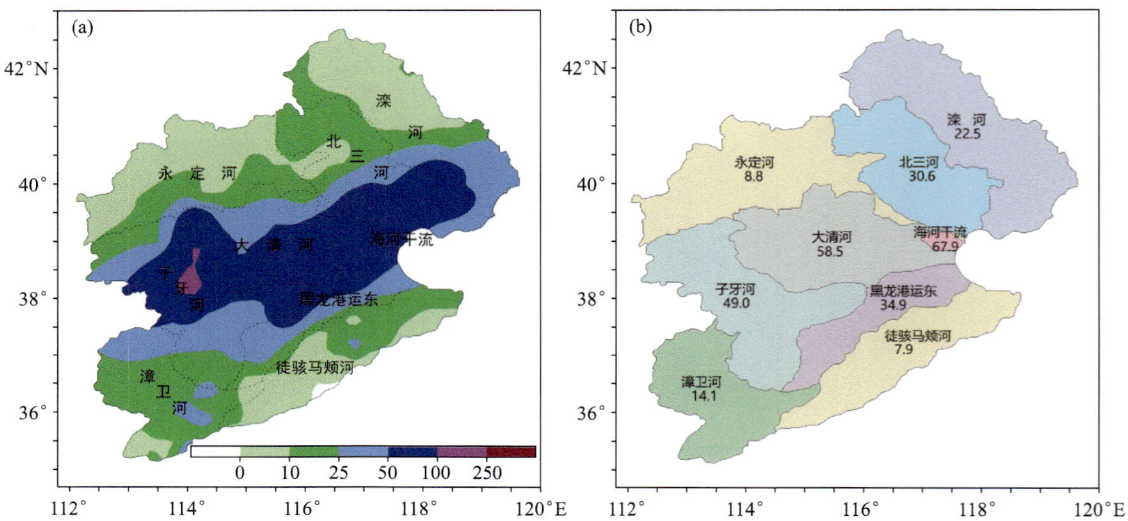

图 4.80 1995 年 8 月 6 日 24 h(a)降雨量和(b)面雨量分布(单位:mm)

(3)形势分析

影响系统——高空槽、副热带高压、低涡、切变线、地面低压。

① 8 月 6 日 08 时,500 hPa 中高纬地区为“两槽一脊”的环流形势,海河流域位于槽前和副热带高压西北侧的西南气流中,槽前正涡度平流有利于低层系统发展。

② 8 月 6 日 08 时,850 hPa 和 700 hPa 低涡中心位于海河流域东部,形成有利的辐合上升区,低涡东侧的暖式切变线和低涡西南侧的冷式切变线分别影响海河流域东部和中部地区。

③ 8 月 6 日 08 时,地面低压有利于形成上升运动(图 4.81)。

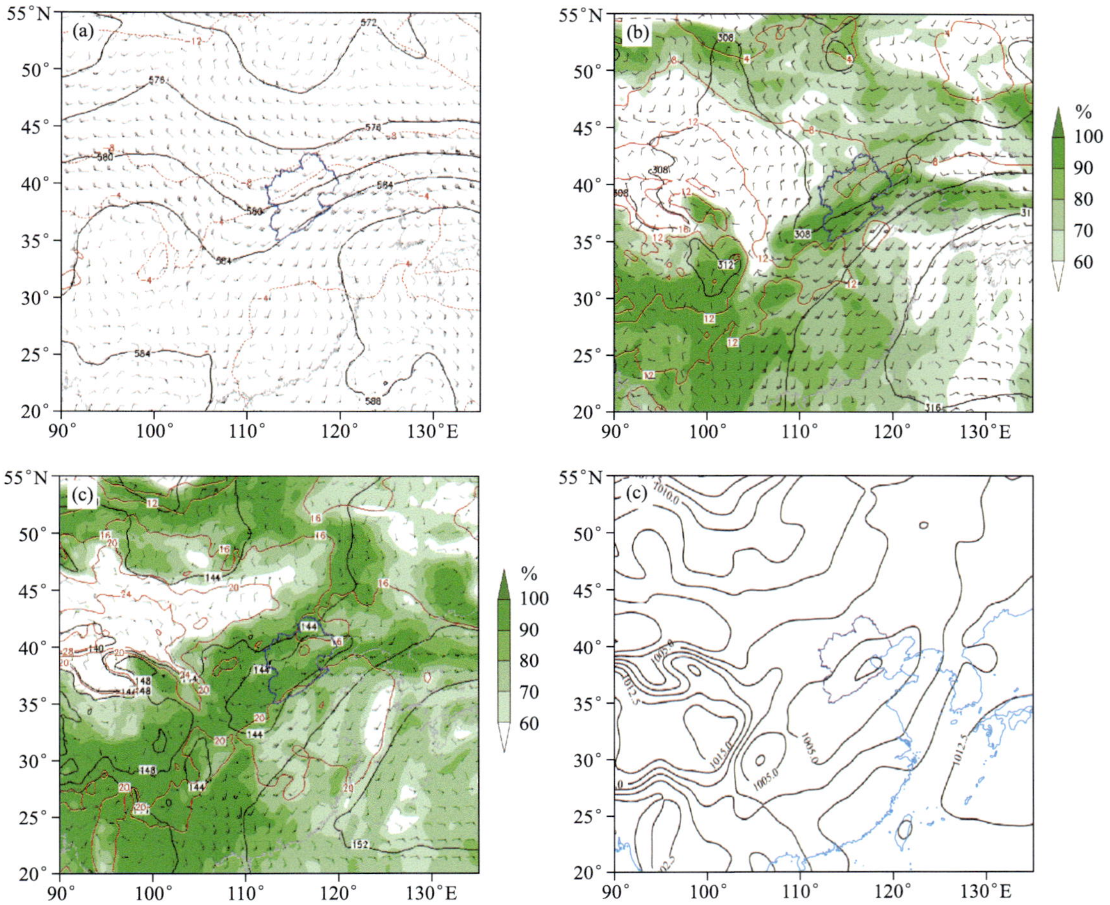

图 4.81　1995 年 8 月 6 日 08 时(a)500 hPa、(b)700 hPa、(c)850 hPa 及(d)地面天气图

4.34　1996 年 8 月 4—5 日暴雨

(1)暴雨时段

1996 年 8 月 3 日 20 时—5 日 20 时。

(2)雨情描述

1996 年 8 月 3—5 日，海河流域普降大到暴雨，其中子牙河、漳卫河和大清河南部出现大暴雨，子牙河中部出现特大暴雨。子牙河、漳卫河 3 日 20 时—4 日 20 时面雨量达到大暴雨和特大暴雨，分别为 121.6 mm 和 172.3 mm，大清河 4 日 20 时—5 日 20 时面雨量达到大暴雨，为 89.4 mm(图 4.82、图 4.83)。

(3)形势分析

影响系统——高空槽、副热带高压、台风、低空急流。

① 8 月 3 日，500 hPa 中高纬地区为“两槽一脊”环流形势，副热带高压势力较强，脊线向

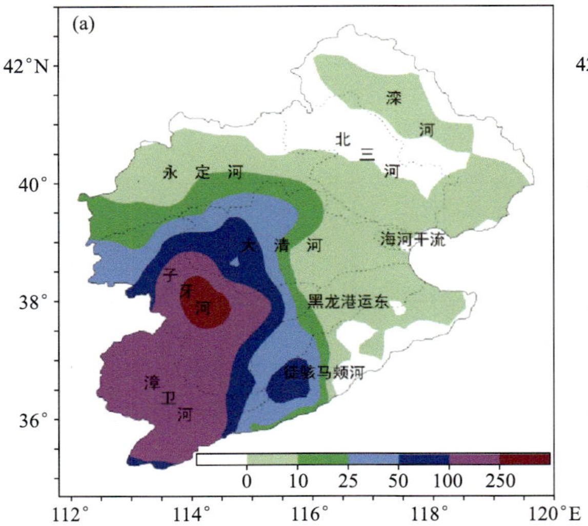

图 4.82　1996 年 8 月 4 日 24 h(a)降雨量和(b)面雨量分布(单位:mm)

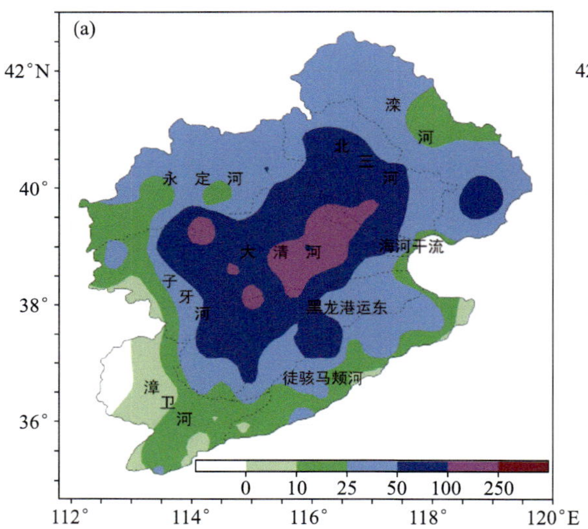

图 4.83　1996 年 8 月 5 日 24 h(a)降雨量和(b)面雨量分布(单位:mm)

西北伸展到内蒙古地区,减弱的台风环流沿副热带高压西侧北上。3 日台风倒槽开始影响海河流域西南部,减弱的台风环流与副热带高压之间偏南急流与东南急流在海河流域西南地区辐合,带来充足的水汽和能量,同时低层持续的偏东到东南气流与太行山相遇,地形辐合有利于降水增加。4 日,减弱的台风环流继续向北移动,中高纬短波槽后有弱冷空气渗入减弱的台风环流后部,高空槽与台风环流合并加深,台风环流消散,随后高空槽沿副热带高压北侧向东北方向移出海河流域。

② 8 月 3 日为第一阶段,台风环流北侧暖切变维持在海河流域西南部。4 日进入第二阶段,低涡环流减弱并逐渐消失,演变成西北—东南向的冷切,切变线右侧低空急流左侧有明显

上升运动。5 日，海河流域中部高低层切变线呈明显的前倾结构，有利于局地对流性强降水发生。

③ 8 月 3—4 日，地面台风低压倒槽为暴雨提供了有利的上升运动条件(图 4.84)。

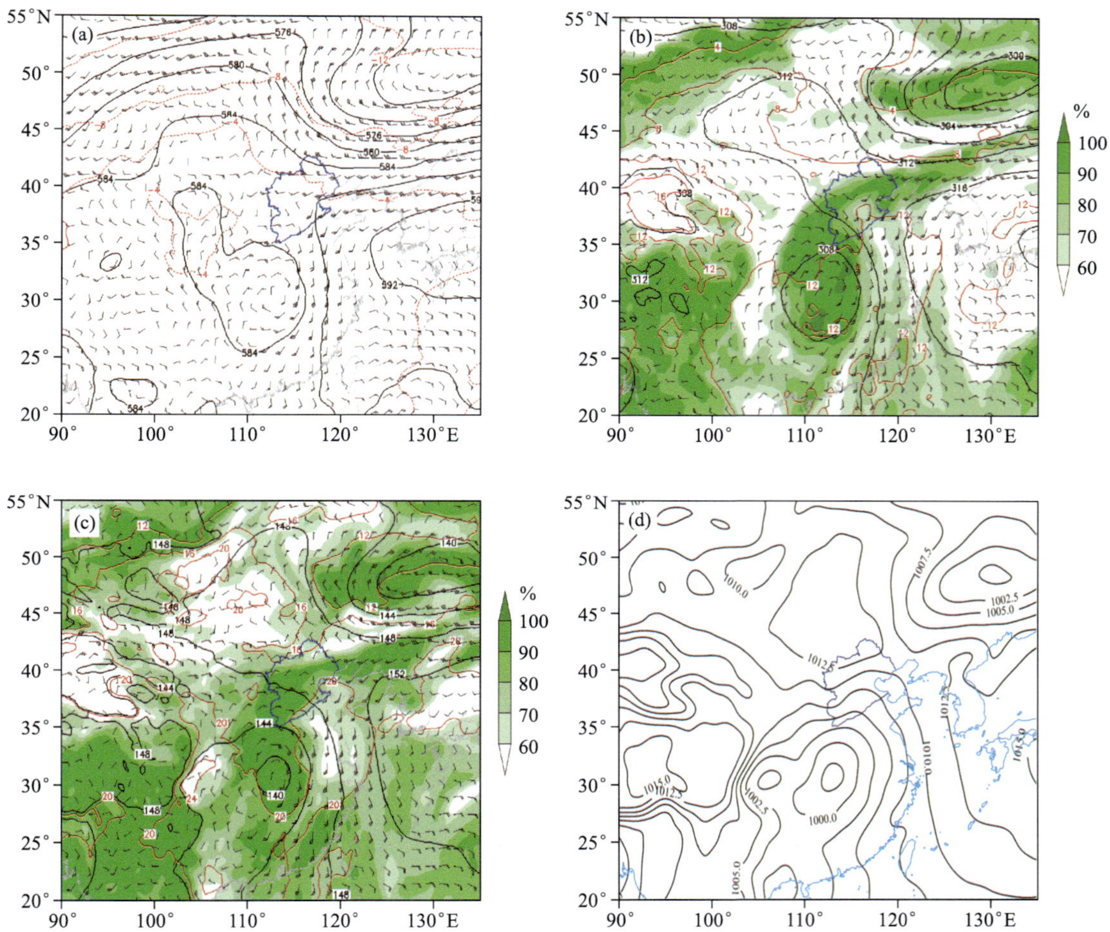

图 4.84　1996 年 8 月 3 日 08 时(a)500 hPa、(b)700 hPa、(c)850 hPa 及(d)地面天气图

4.35　2000 年 7 月 4—5 日暴雨

(1)暴雨时段

2000 年 7 月 3 日 20 时—5 日 20 时。

(2)雨情描述

2000 年 7 月 3—5 日，海河流域普降大到暴雨，其中永定河下游、大清河北部、徒骇马颊河、子牙河和漳卫河下游出现暴雨和大暴雨。除滦河和北三河外，其他子河系面雨量均达到暴雨(图 4.85、图 4.86)。

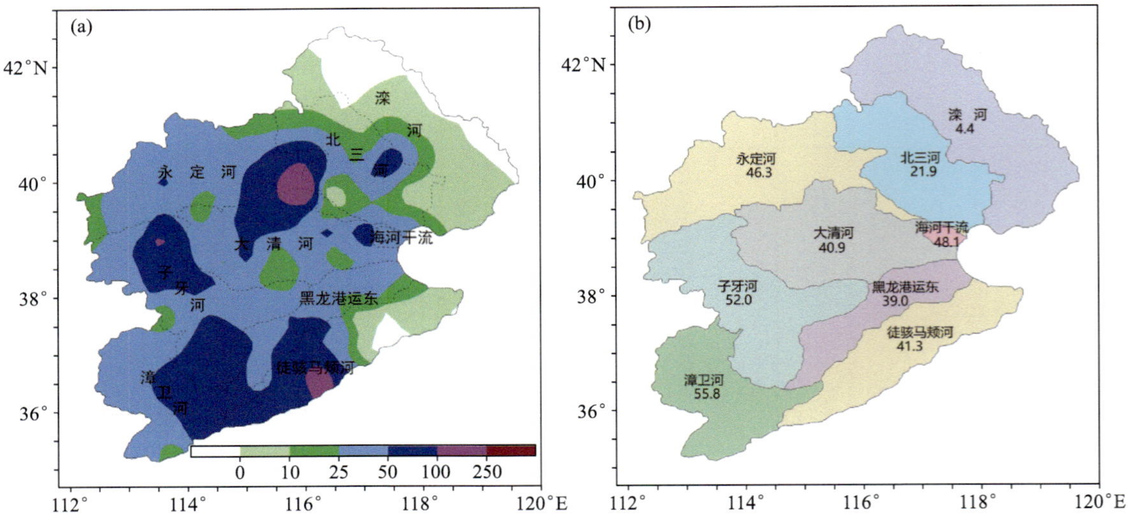

图 4.85　2000 年 7 月 4 日 24 h(a)降雨量和(b)面雨量分布(单位:mm)

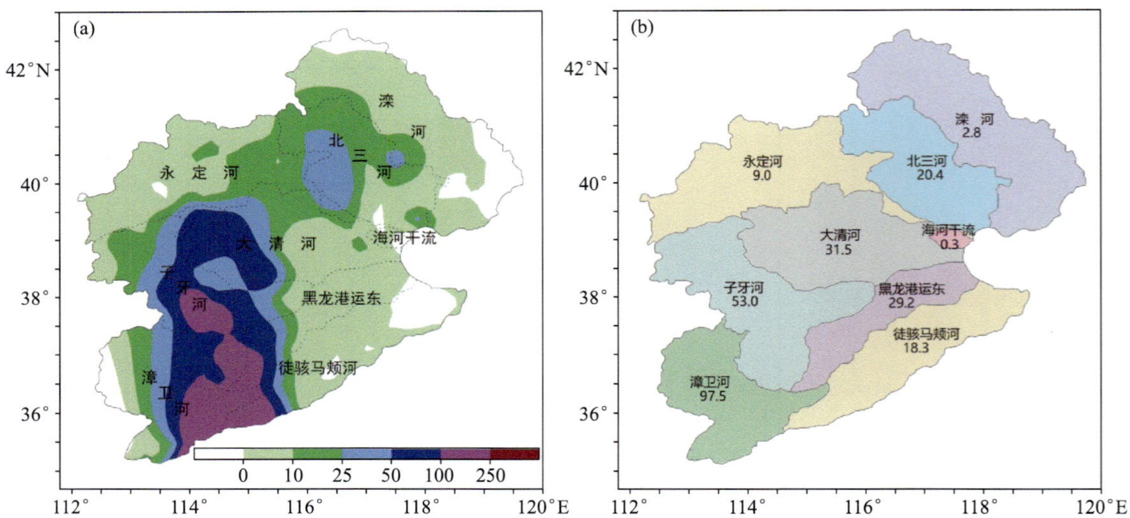

图 4.86　2000 年 7 月 5 日 24 h(a)降雨量和(b)面雨量分布(单位:mm)

(3)形势分析

影响系统——华北冷涡、副热带高压、切变线、低空急流、地面倒槽。

① 7 月 3—4 日,500 hPa 高纬地区为“两槽一脊”环流形势,贝加尔湖到内蒙古一带有深厚的高空槽发展并形成华北切断冷涡,海河流域位于华北冷涡东侧的西南气流中。受东侧副热带高压脊线的阻挡,4 日 20 时,华北冷涡继续加深并向东向南扩展。

② 7 月 4 日,华北冷涡东南象限的偏南气流和东南气流向海河流域南部地区输送水汽和热量;涡前南风和东风形成的暖切变线以及东南急流出口辐合提供了较好的动力抬升条件。5

日，低涡整体减弱，850 hPa 以下变成持续的偏东气流，受太行山南北向大地形阻挡，辐合抬升加强，利于沿山一带产生大暴雨。

③ 地面低压倒槽和弱冷锋均利于上升运动(图 4.87)。

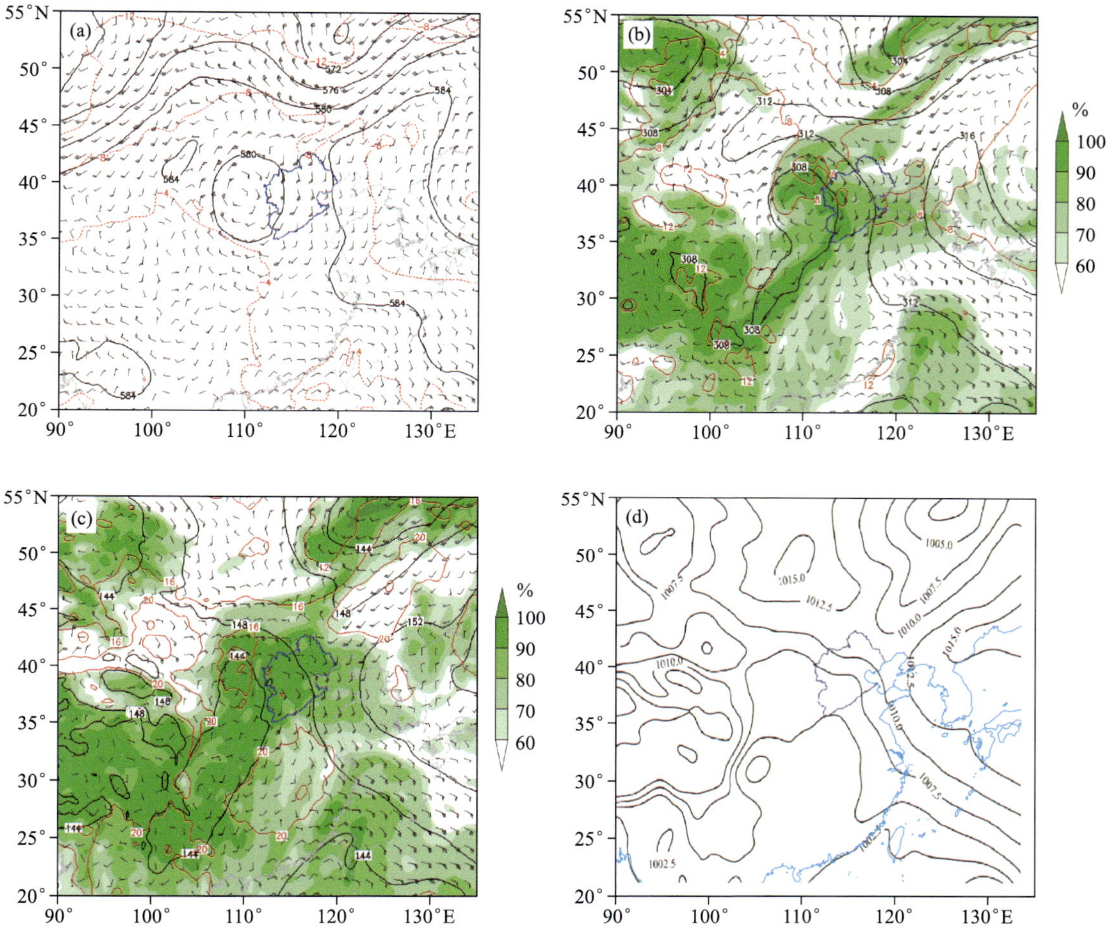

图 4.87　2000 年 7 月 4 日 08 时(a)500 hPa、(b)700 hPa、(c)850 hPa 及(d)地面天气图

4.36　2001 年 7 月 27 日暴雨

(1)暴雨时段

2001 年 7 月 26 日 20 时—27 日 20 时。

(2)雨情描述

2001 年 7 月 26—27 日，海河流域中南部普降大到暴雨，其中子牙河中下游、黑龙港运东和漳卫河出现暴雨和大暴雨。子牙河和徒骇马颊河的面雨量达到暴雨，黑龙港运东的面雨量达到大暴雨，为 79.6 mm(图 4.88)。

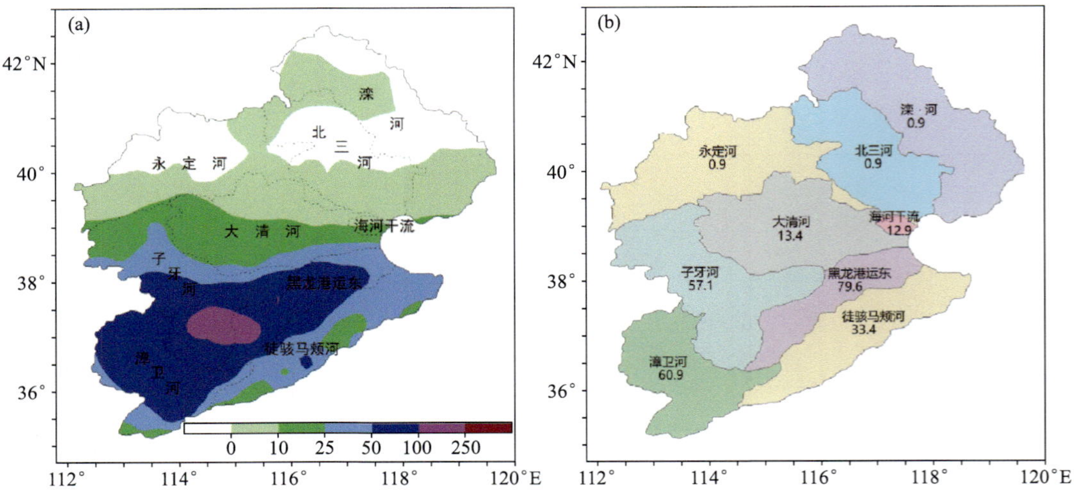

图 4.88　2001 年 7 月 27 日 24 h(a)降雨量和(b)面雨量分布(单位:mm)

(3)形势分析

影响系统——东北冷涡、低涡、切变线、地面低压倒槽。

① 7 月 27 日 08 时,500 hPa 东北冷涡底部在山西附近有一低槽,海河流域中南部位于低槽槽前偏西南气流中。涡后冷空气之前,副热带高压边缘覆盖海河流域中南部,形成高温高湿的环境,高干冷、低暖湿的层结有利于形成对流性暴雨。

② 7 月 27 日,西北涡东移至陕西中部,受东北冷涡后部冷空气侵入和副热带高压北侧西南气流加强的共同影响,在海河流域中南部形成东北—西南向的低涡切变线,切变线及以南地区有利于上升运动。

③ 27 日 08 时,海河流域南部位于低压倒槽中,有利于形成上升运动(图 4.89)。

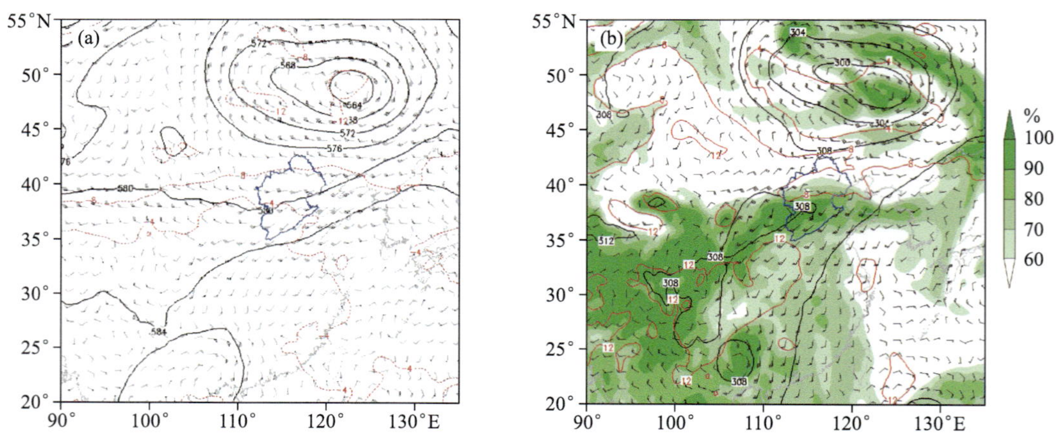

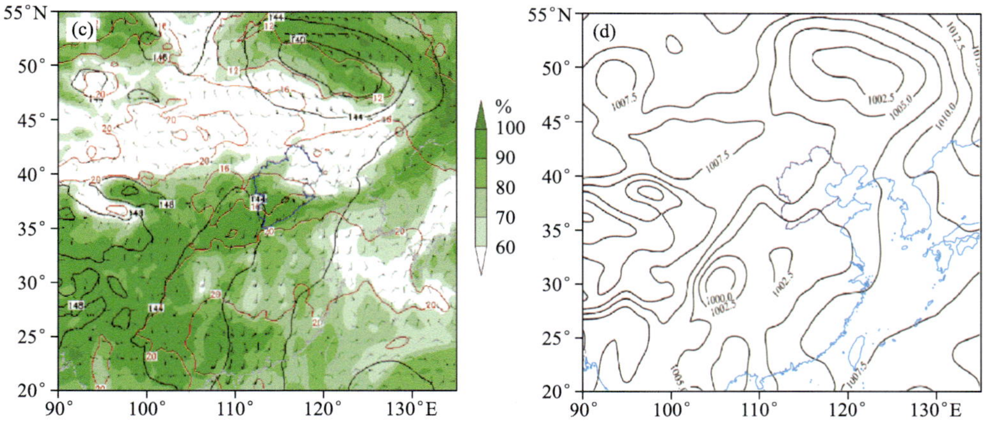

图 4.89　2001 年 7 月 27 日 08 时(a)500 hPa、(b)700 hPa、(c)850 hPa 及(d)地面天气图

4.37　2003 年 10 月 11 日暴雨

(1)暴雨时段

2003 年 10 月 10 日 20 时—11 日 20 时。

(2)雨情描述

2003 年 10 月 10—11 日，海河流域中东部地区普降大到暴雨，局部大暴雨，海河干流、黑龙港运东、徒骇马颊河以及滦河、北三河、大清河、漳卫河下游出现暴雨和大暴雨。海河流域除永定河外，其他地区面雨量均达到暴雨量级以上，其中徒骇马颊河和黑龙港运东面雨量超过 100 mm(图 4.90)。

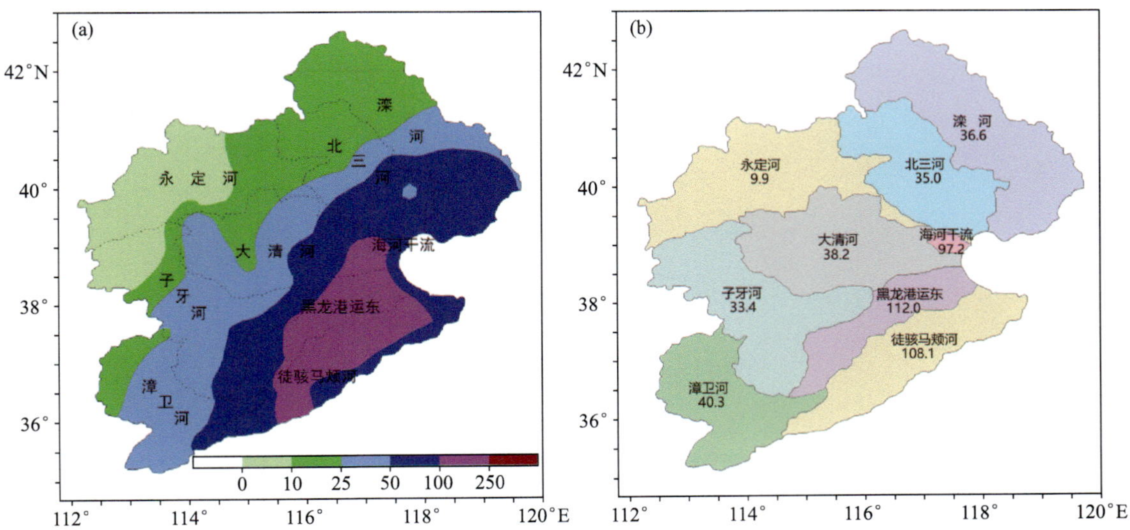

图 4.90　2003 年 10 月 11 日 24 h(a)降雨量和(b)面雨量分布(单位：mm)

(3)形势分析

影响系统——蒙古冷涡、西南涡、切变线、低空急流、锋面。

① 10 月 10 日 20 时,500 hPa 乌拉尔山以东和贝加尔湖地区各有一冷涡存在,冷涡系统不断南压,冷空气沿着冷涡后部不断南下至中纬度地区。同时,位于海河流域中部的 564 线始终维持在原地,冷暖气团间等温线梯度不断增大。

② 10 月 10 日,西南涡在东移过程中,涡前有强暖平流,涡后有冷平流不断输送,使得西南涡不断加强发展。涡前有偏南急流和偏东急流将暖湿气流源源不断输送至海河流域中东部,与北方冷空气激烈交汇,在涡前东北—西南向的冷切变线附近形成强降水。从整层等温线分布可知,11 日,在海河流域东南部有显著向北倾斜的锋面存在,暖湿气流沿着锋面斜升,有利于释放对称不稳定能量,使降水效率增大。

③ 10—11 日地面天气图上,海平面气压场在海河流域中部逐渐密集,显示出冷暖空气激烈交汇,锋面系统的不断加强有利于中低层暖湿空气沿锋面形成上升运动(图 4.91)。

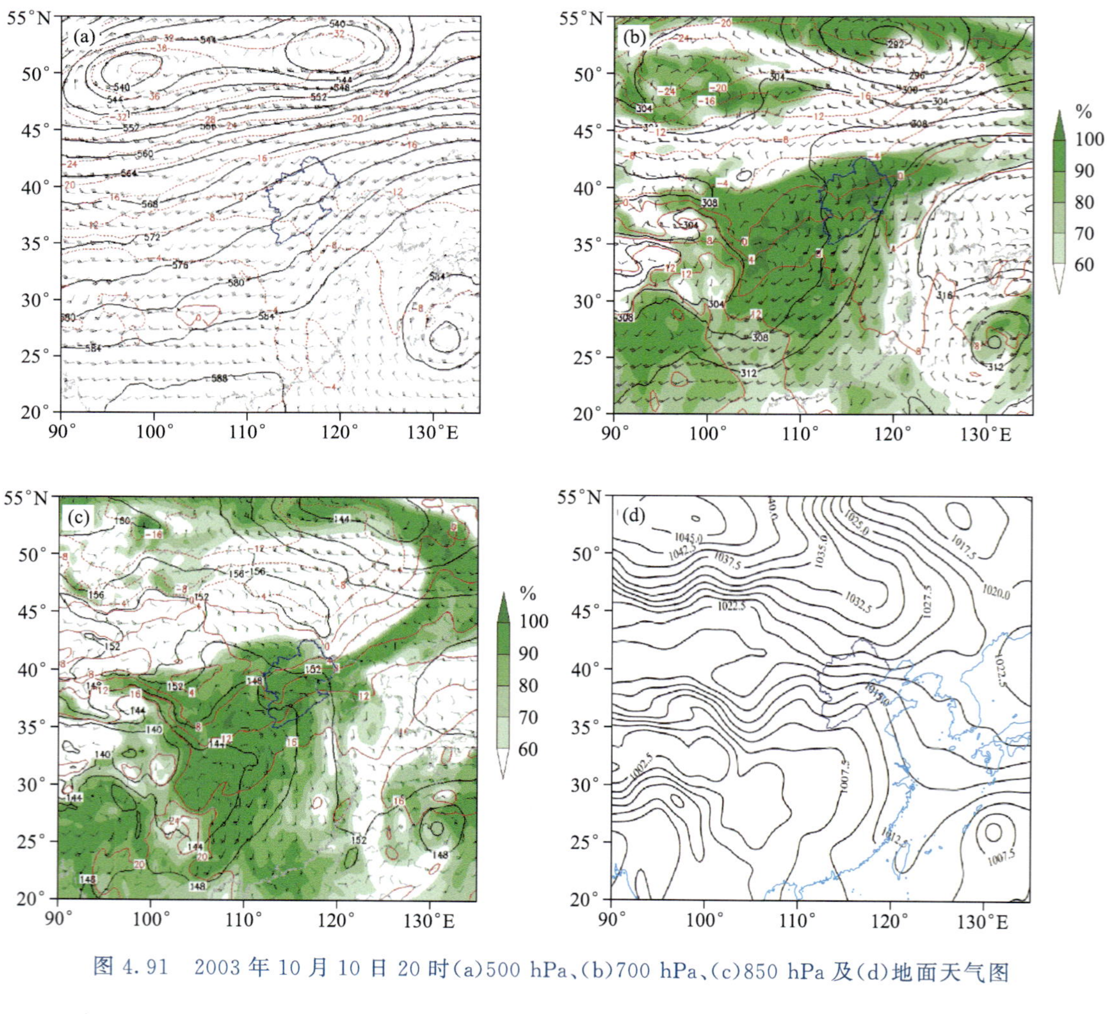

图 4.91　2003 年 10 月 10 日 20 时(a)500 hPa、(b)700 hPa、(c)850 hPa 及(d)地面天气图

4.38　2005 年 7 月 23 日暴雨

(1)暴雨时段

2005 年 7 月 22 日 20 时—23 日 20 时。

(2)雨情描述

2005 年 7 月 22—23 日，海河流域中部自南向北普降大到暴雨，局地大暴雨，其中北三河、大清河和徒骇马颊河局部出现大暴雨，大清河个别站出现特大暴雨，降水的局地性强。大清河和黑龙港运东的面雨量达到暴雨，其余子河系除海河干流外面雨量为中到大雨(图 4.92)。

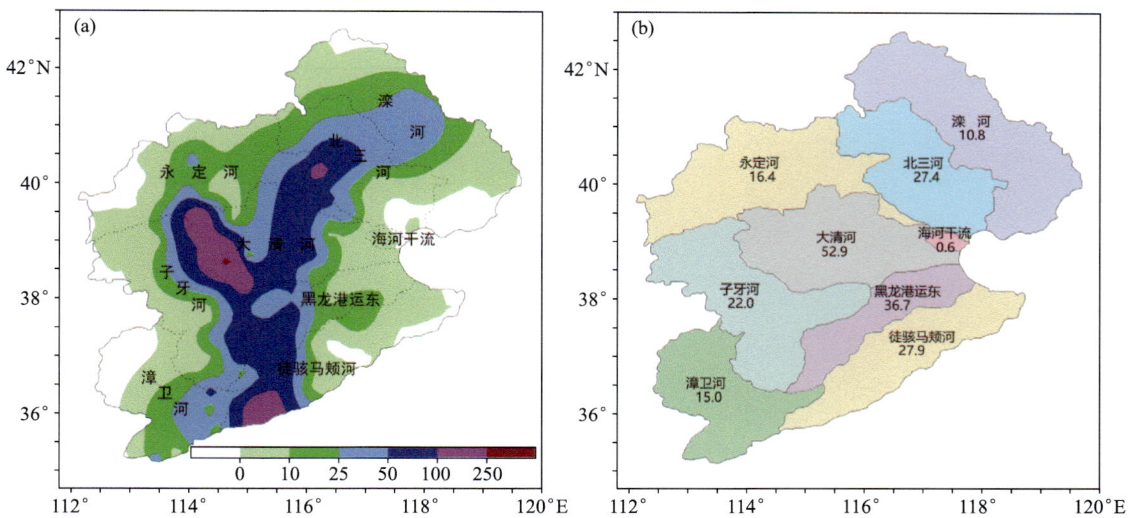

图 4.92　2005 年 7 月 23 日 24 h(a)降雨量和(b)面雨量分布(单位:mm)

(3)形势分析

影响系统——高空槽、副热带高压、减弱的台风环流、倒槽。

① 7 月 22—23 日，500 hPa 内蒙古中部有一浅槽东移，副热带高压位置偏北，中心位于朝鲜半岛附近。减弱的台风(200505“海棠”)中心位于江西、湖南交界处并逐渐填塞，但台风环流东侧与副热带高压西侧的偏南气流叠加，形成南北向狭长的南风气流输送带，将水汽和能量源源不断输送至海河流域。

② 减弱的台风倒槽在中低层更加明显，22 日夜间至 23 日，海河流域中部处于 850 hPa 倒槽辐合区，同时 700 hPa 中高纬有冷空气渗入形成南北向的冷切变线，高层弱冷空气的渗透有利于海河流域中部不稳定性增强，有利于产生对流性强降水。

③ 2005 年 7 月 23 日 08 时海平面气压场上，海河流域位于低压倒槽中，有利于形成上升运动(图 4.93)。

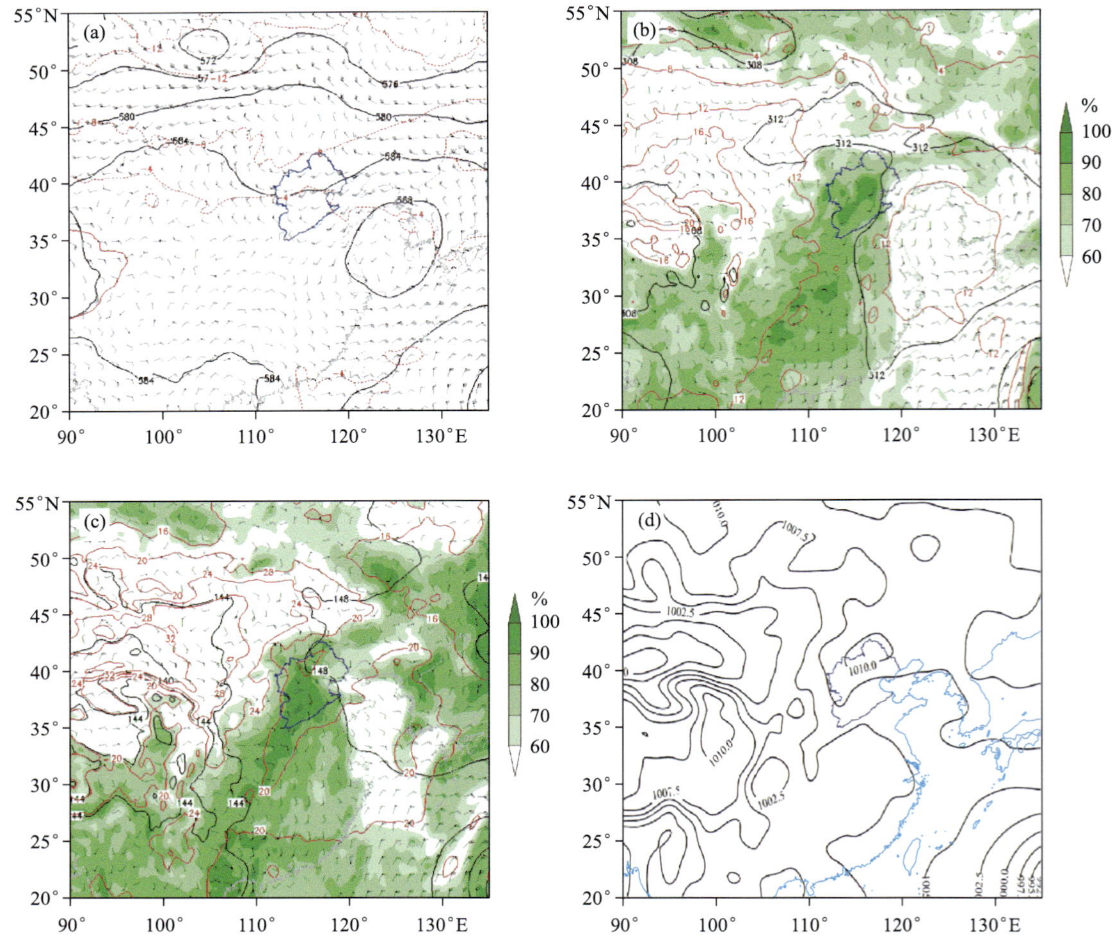

图 4.93　2005 年 7 月 23 日 20 时(a)500 hPa、(b)700 hPa、(c)850 hPa 及(d)地面天气图

4.39　2008 年 7 月 15 日暴雨

(1)暴雨时段

2008 年 7 月 14 日 20 时—15 日 20 时。

(2)雨情描述

2008 年 7 月 14—15 日，海河流域大部分地区普降中到大雨，局地暴雨，个别站大暴雨，其中漳卫河南部、黑龙港运东下游、海河干流、北三河和滦河下游出现暴雨和大暴雨。滦河、大清河和黑龙港运东的面雨量达到暴雨，海河干流面雨量达到大暴雨，为 70.7 mm(图 4.94)。

(3)形势分析

影响系统——高空槽、副热带高压、低涡、切变线、地面低压倒槽。

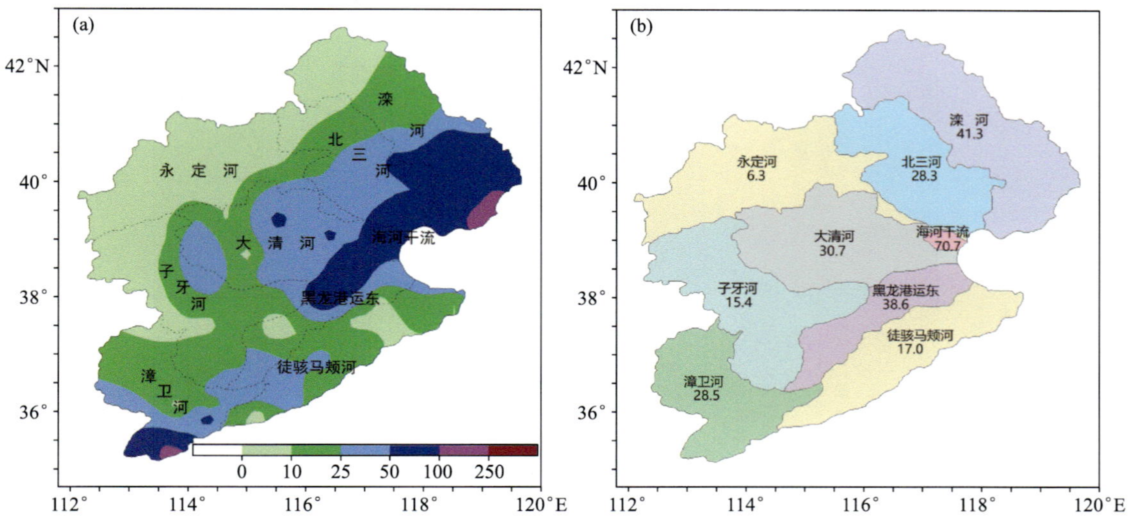

图 4.94　2008 年 7 月 15 日 24 h(a)降雨量和(b)面雨量分布(单位:mm)

① 7 月 14 日 20 时,500 hPa 亚欧中高纬地区为“两脊一槽”环流形势,蒙古至河西走廊有一高空槽,海河流域位于槽前西南气流中。副热带高压在高空槽东移过程中南撤。

② 在高空槽前和副热带高压西北侧,中低层西南气流加强并形成低涡和切变。低涡东南侧的西南气流向海河流域地区输送水汽,人字形切变附近以及急流出口辐合区产生上升运动,为暴雨的发生提供了良好的水汽和动力条件。

③ 海平面气压场上,低压倒槽向北移动加强,形成闭合低压环流,低压前侧有利于低层上升运动加强(图 4.95)。

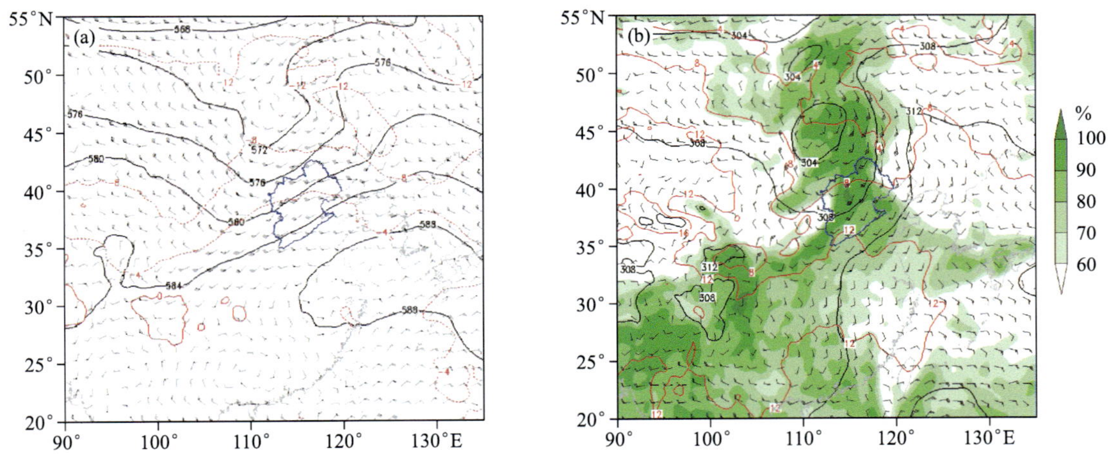

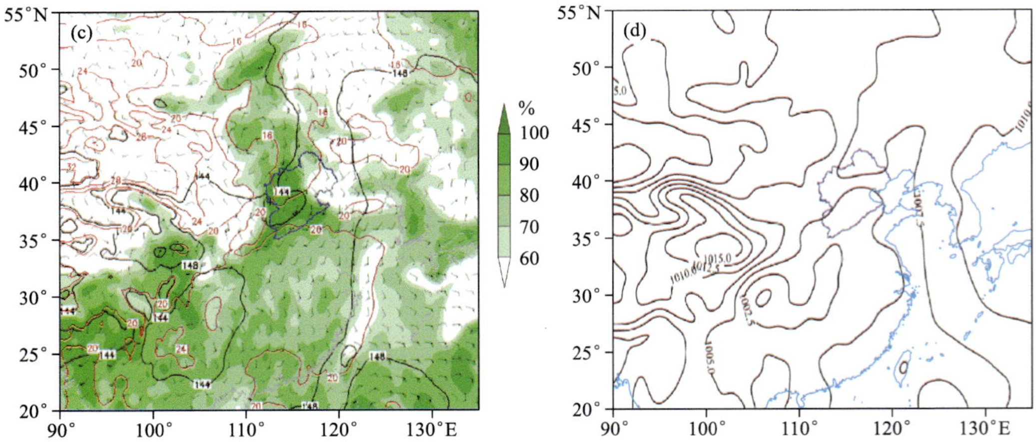

图 4.95　2008 年 7 月 14 日 20 时(a)500 hPa、(b)700 hPa、(c)850 hPa 及(d)地面天气图

4.40　2009 年 5 月 9 日暴雨

(1)暴雨时段

2009 年 5 月 8 日 20 时—9 日 20 时。

(2)雨情描述

2009 年 5 月 8—9 日，海河流域中南部出现大到暴雨，局部大暴雨，暴雨出现在子牙河南部、漳卫河和徒骇马颊河。子牙河、黑龙港运东和漳卫河的面雨量达到暴雨，徒骇马颊河面雨量达到大暴雨，为 81.4 mm(图 4.96)。

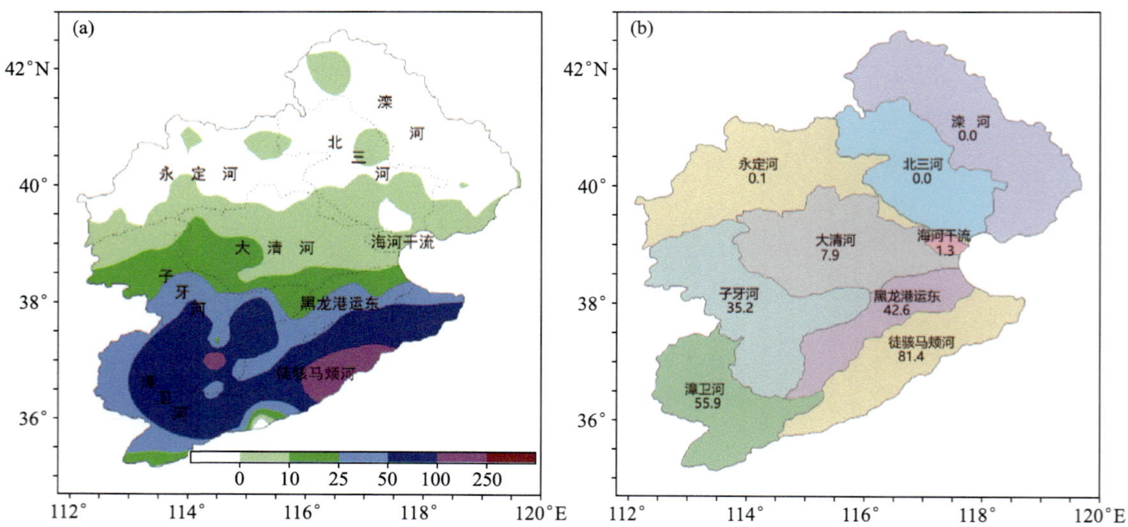

图 4.96　2009 年 5 月 9 日 24 h(a)降雨量和(b)面雨量分布(单位:mm)

(3)形势分析

影响系统——高空槽、切变线、低空急流、锋面气旋。

① 5 月 8 日 500 hPa 天气图上，高空槽位于河套地区，温度槽略落后于高度槽，有弱冷平流向槽区输送，有利于高空槽在东移过程中加深发展。8 日 20 时高空槽略有加强，同时我国东部沿海的高压脊强盛，在高空槽东移过程中并无明显减弱南撤，冷暖空气在海河流域南部地区交汇形成强降水。

② 低层 700 hPa 和 850 hPa 在河套地区有切变线发展，切变线前侧西南急流逐渐加强，将南方的水汽源源不断地向海河流域输送，为暴雨提供有利的水汽条件。低空西南急流的暖湿输送也有利于对流不稳定性的增强，加之三层系统近乎垂直，具有二型冷锋的不稳定层结结构，有利于形成对流性降水。

③ 地面天气图上，有锋面气旋向东南移动，8 日夜间海河流域南部处于地面气旋南侧，有利于上升运动(图 4.97)。

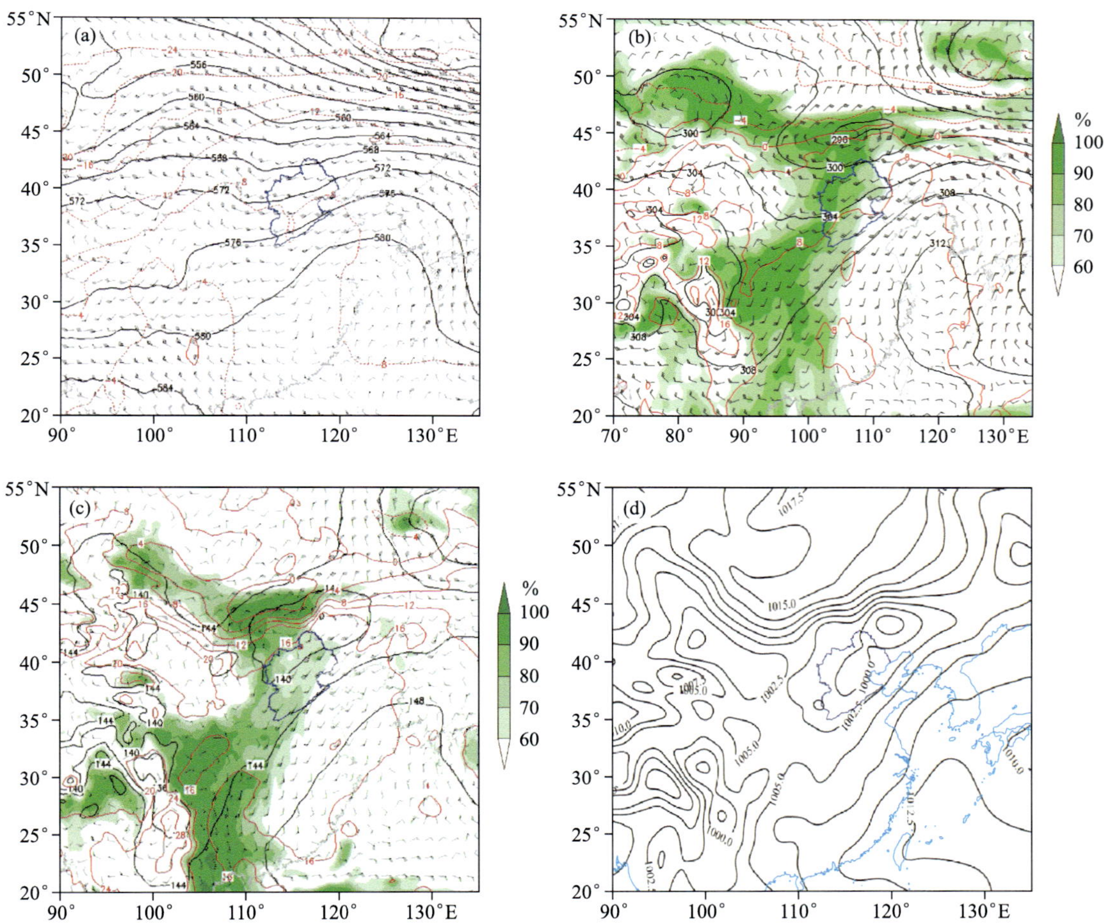

图 4.97 2009 年 5 月 8 日 20 时(a)500 hPa、(b)700 hPa、(c)850 hPa 及(d)地面天气图

4.41　2010年7月19日暴雨

(1)暴雨时段

2010年7月18日20时—19日20时。

(2)雨情描述

2010年7月18—19日，海河流域东部出现暴雨和大暴雨，其中滦河、北三河、黑龙港运东和徒骇马颊河下游出现大暴雨。徒骇马颊河、海河干流和黑龙港运东面雨量达到大暴雨，滦河的面雨量为暴雨，海河流域西部以小到中雨为主，雨量分布不均(图4.98)。

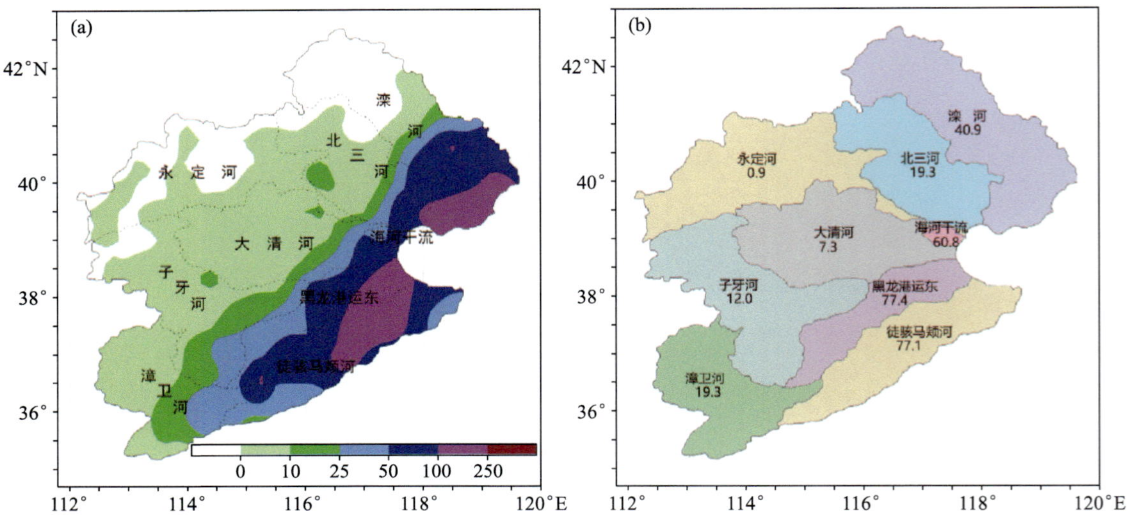

图4.98　2010年7月19日24 h(a)降雨量和(b)面雨量分布(单位:mm)

(3)形势分析

影响系统——高空槽、副热带高压、西南涡、低空急流、地面低压倒槽。

① 7月18日20时—19日08时，500 hPa位于河套地区的高空槽在东移过程中与东部的西南涡结合加强，发展成深厚的低涡系统，沿着西南气流自西南向东北影响海河流域东部地区。

② 四川盆地东部中低层有深厚的西南涡发展，东移过程中与东部高压脊相互作用，东南侧的西南气流明显加强至16～20 m/s，将水汽源源不断地向海河流域东部输送，并在急流出口区和低涡东侧形成明显的水汽辐合，为暴雨提供有利的水汽条件。涡前暖平流、涡后冷平流使低涡东移不断加强，低涡切变线和急流左侧辐合的动力抬升作用加强，有利于垂直上升运动的发展，为暴雨发生提供了有利的动力抬升条件。

③ 受高空槽前正涡度平流和冷暖平流的作用，地面低压倒槽不断北伸发展，为动力抬升提供了有利的条件(图4.99)。

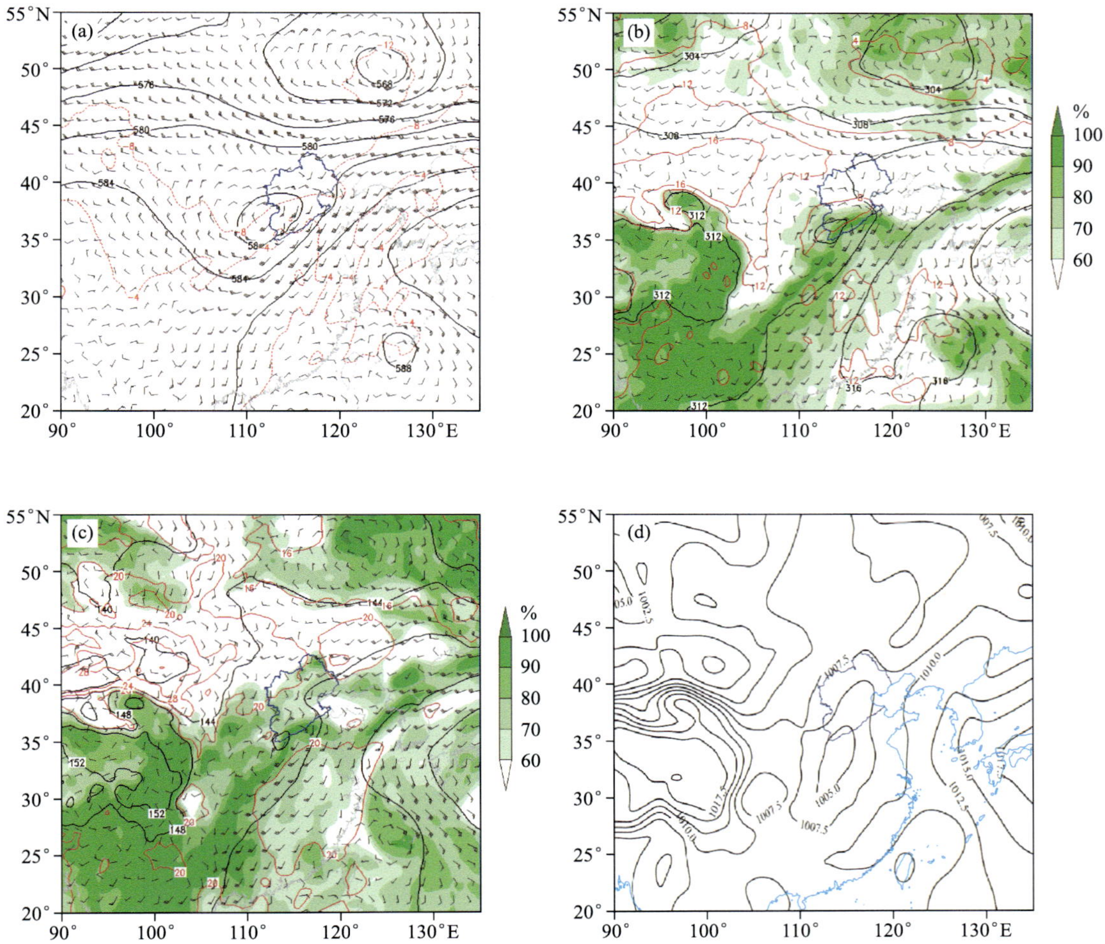

图 4.99　2010 年 7 月 19 日 08 时(a)500 hPa、(b)700 hPa、(c)850 hPa 及(d)地面天气图

4.42　2011 年 7 月 24 日暴雨

(1)暴雨时段

2011 年 7 月 23 日 20 时—24 日 20 时。

(2)雨情描述

2011 年 7 月 23—24 日，海河流域东部出现大到暴雨，个别站大暴雨，其中滦河下游、北三河、海河干流和徒骇马颊河中游出现暴雨和大暴雨。滦河、海河干流、徒骇马颊河和北三河面雨量达到暴雨，其余子河系面雨量以中到大雨为主(图 4.100)。

(3)形势分析

影响系统——高空槽、副热带高压、切变线、地面低压倒槽。

① 7 月 23 日 08 时，500 hPa 上贝加尔湖南侧存在一支高空槽，同时在四川盆地附近有减

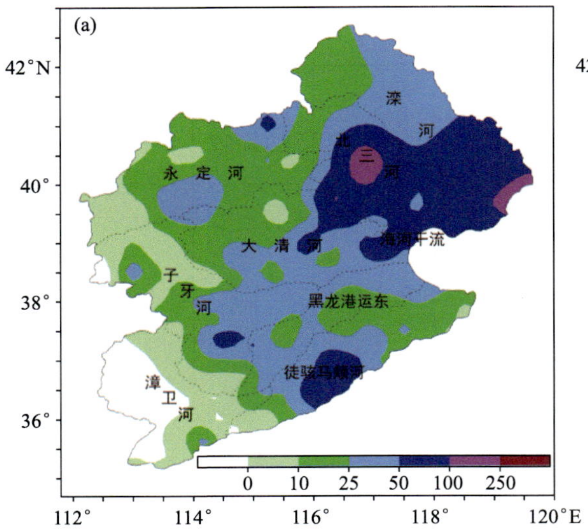

图 4.100　2011 年 7 月 24 日 24 h(a)降雨量和(b)面雨量分布(单位:mm)

弱的切断低涡,两低值系统东移过程中同位相叠加使得北支槽强度明显加强,海河流域处于槽前正涡度平流区,存在明显的辐合上升运动。23 日 20 时,副热带高压 584 线明显北抬,在海河流域以东形成高压脊,对高空槽东移有一定的阻挡作用。

② 在低空 700 hPa 和 850 hPa 天气图上,有切变线配合大湿区东移影响海河流域,850 hPa 海河流域南部西南气流加强至 12 m/s,达到急流强度,在切变线抬升和急流水汽输送作用下暴雨发生。24 日白天,850 hPa 以下维持偏南风暖湿气流,高层冷空气的入侵增加了局地不稳定性,有利于对流性暴雨的发生。

③ 受冷暖空气共同影响,地面低压倒槽逐渐加强,有利于低层辐合上升运动加强(图 4.101)。

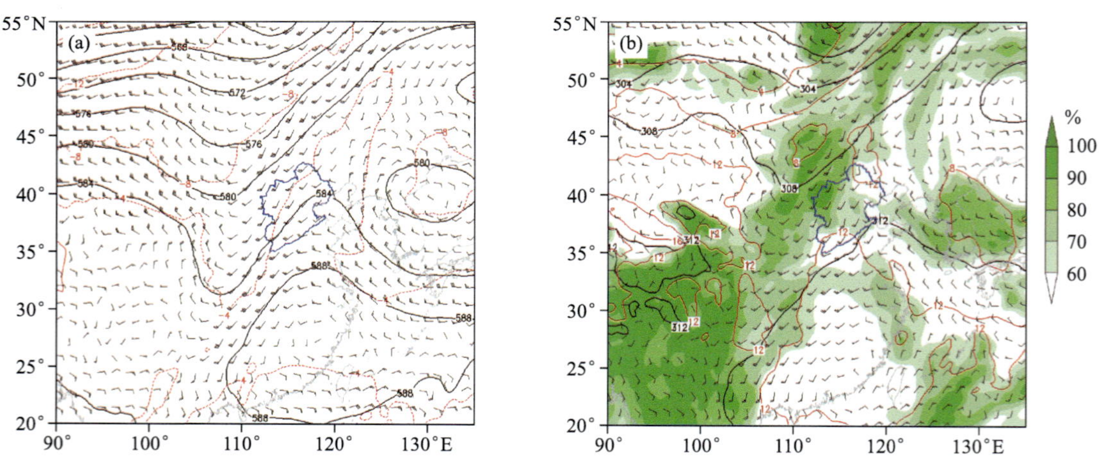

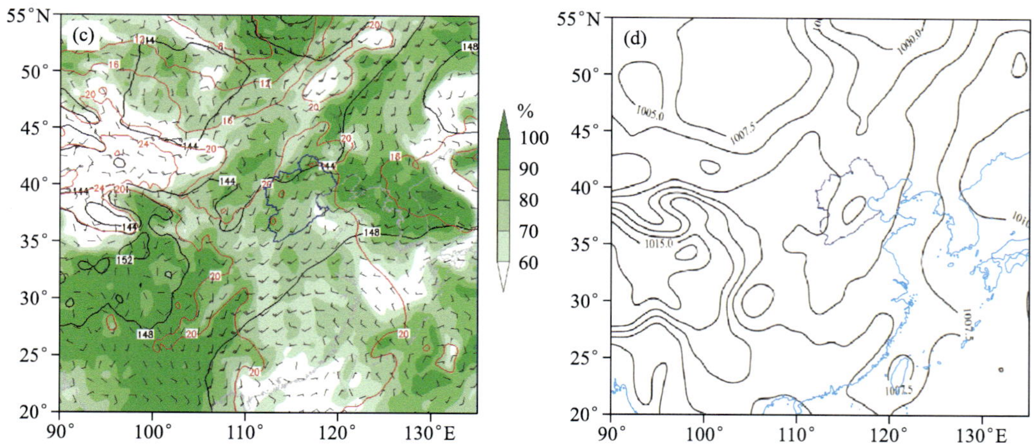

图4.101 2011年7月24日08时(a)500 hPa、(b)700 hPa、(c)850 hPa及(d)地面天气图

4.43 2011年7月29日暴雨

(1)暴雨时段

2011年7月28日20时—29日20时。

(2)雨情描述

2011年7月28—29日，海河流域中部出现大到暴雨，局部大暴雨，其中大清河、子牙河东部、海河干流、北三河和滦河下游出现暴雨和大暴雨。大清河和海河干流面雨量达到大暴雨，北三河、滦河、黑龙港运东和子牙河达到暴雨，其余子河系以中到大雨为主(图4.102)。

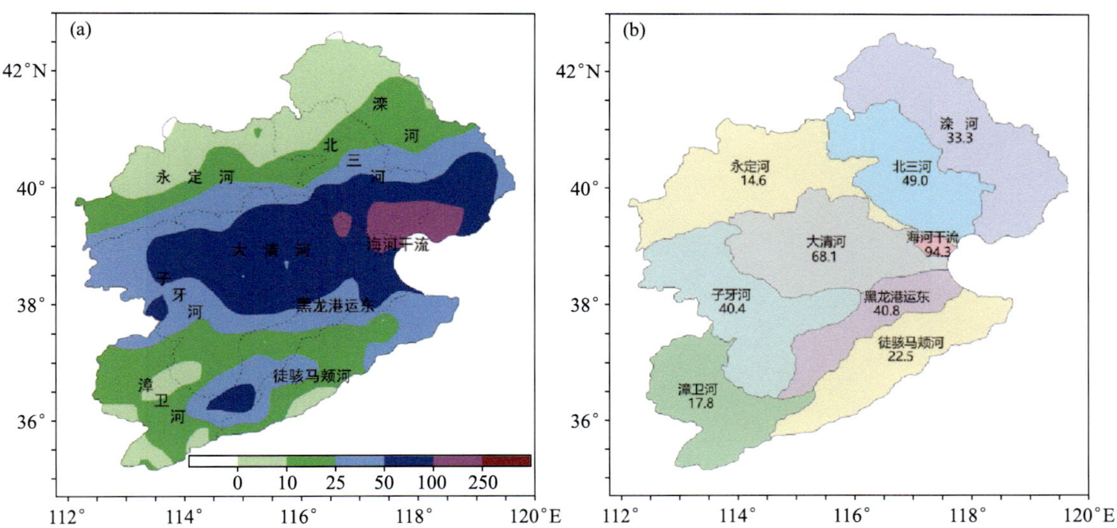

图4.102 2011年7月29日24 h(a)降雨量和(b)面雨量分布(单位:mm)

(3)形势分析

影响系统——高空槽、副热带高压、低涡、切变线、低空急流、地面低压倒槽。

① 7 月 28 日 20 时,500 hPa 高空槽位于内蒙古西部到甘肃中部一带,副热带高压呈纬向型分布,脊线位于 35°N。29 日 08 时,随着高空槽东移,副热带高压东移南撤,海河流域处于高空槽前正涡度平流区,有利于低层辐合上升运动的加强。

② 28 日,700 hPa 有西北涡随着高空槽东移发展,850 hPa 切变线东移逐渐加强形成低涡。在低涡东南侧西南低空急流建立,其强度达到 16～18 m/s,将南方的水汽源源不断地向海河流域输送,并在切变线和急流出口区形成水汽辐合,为暴雨的发生提供有利的动力和水汽条件。

③ 在高层正涡度平流的减压作用下,形成一条自西南地区伸向华北地区的低压带,海河流域处于低压倒槽的顶端,存在明显的辐合上升运动,为暴雨的发生提供了有利的动力抬升条件(图 4.103)。

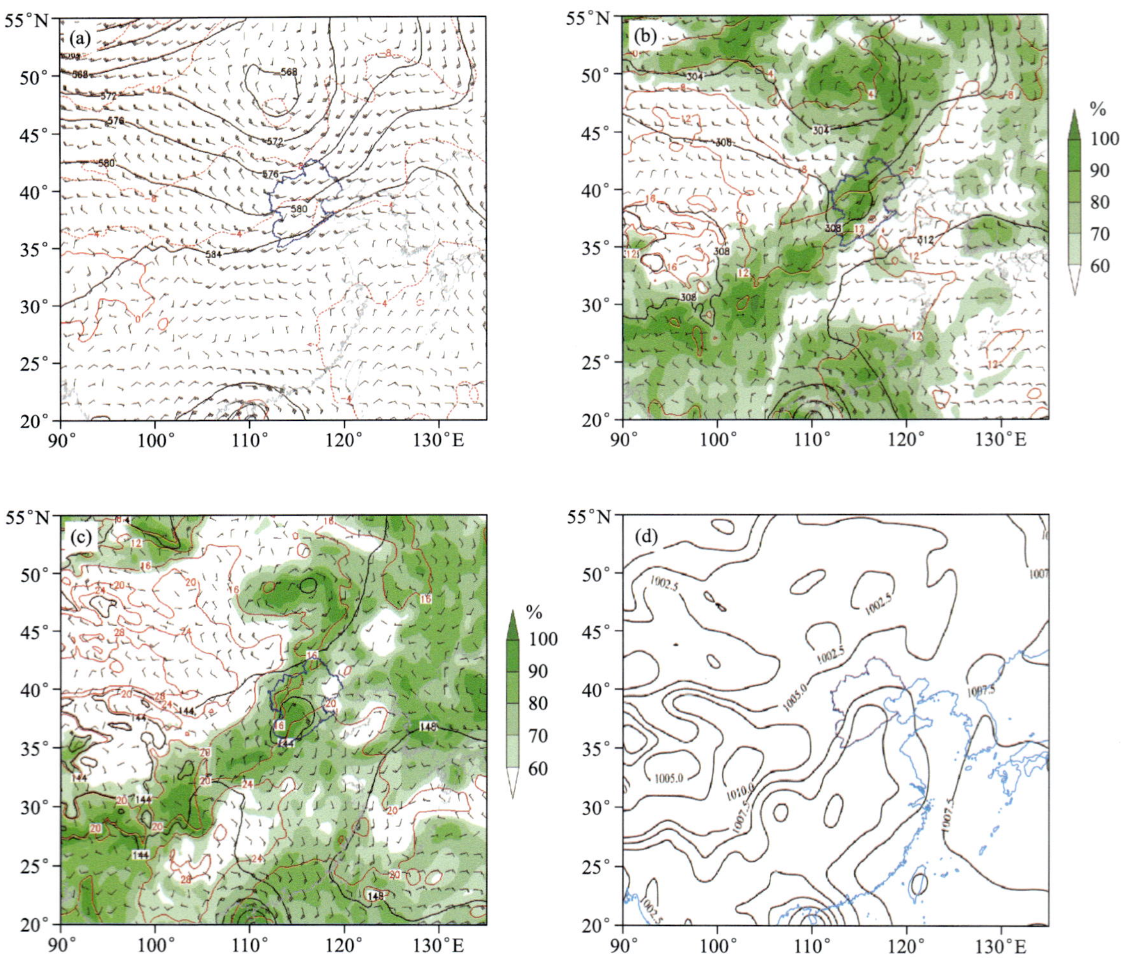

图 4.103　2011 年 7 月 29 日 20 时(a)500 hPa、(b)700 hPa、(c)850 hPa 及(d)地面天气图

4.44 2012年7月21日暴雨

(1)暴雨时段

2012年7月20日20时—21日20时。

(2)雨情描述

2012年7月20—21日,海河流域中北部出现暴雨和大暴雨,局地特大暴雨,其中滦河中下游、北三河、大清河北部出现大暴雨,大清河和永定河交界处出现特大暴雨,但海河流域中南部地区仅出现小到中雨天气,雨量分布不均匀。面雨量达到大暴雨以上的子河系有滦河、北三河、永定河、大清河,其中北三河的面雨量最大,为124.9 mm(图4.104)。

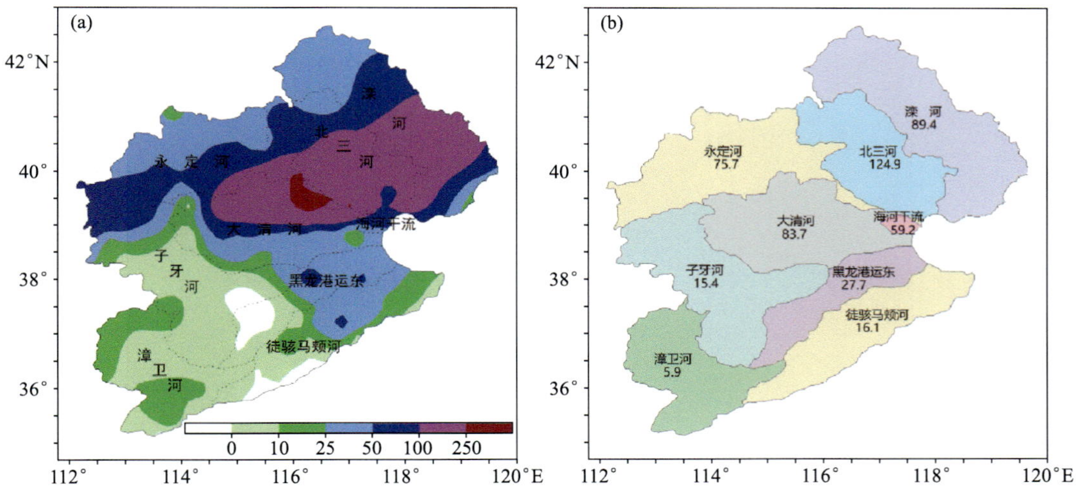

图4.104 2012年7月21日24 h(a)降雨量和(b)面雨量分布(单位:mm)

(3)形势分析

影响系统——高空槽、低涡、切变线、低空急流、低压倒槽。

① 7月21日08时,500 hPa贝加尔湖冷涡强盛且稳定少动,其底部有高空槽东移,且温度槽明显落后于高度槽,存在明显的冷平流,有利于高空槽在东移过程中加深发展。大陆高压与副热带高压均有向北加强的趋势,副热带高压呈块状位于我国东部沿海,在120°E以东形成南北向副热带高压脊线,对冷涡低槽形成阻挡作用。至21日20时,中高纬呈"两脊一槽"环流形势。

② 20日夜间,受槽后冷平流和副热带高压西侧暖平流共同作用,河套地区斜压性低涡生成并发展加强,逐渐向东北方向移动影响海河流域中北部。850 hPa存在人字形切变线。涡前暖切变上空对应东北路冷空气入侵,增强切变上空的不稳定,有利于对流发展。低涡切变的发展加强,其东南侧的西南气流明显加强,700 hPa西南风达到20 m/s,有利于暖湿空气向海河流域中北部输送和辐合。

③ 冷涡底部高空槽带来的冷空气和强盛西南暖湿气流的输送,使斜压锋生作用明显,加之高空槽前正涡度平流的减压作用,使得地面气旋强烈发展,海河流域处于其向东北伸展的低

压倒槽顶部，存在强烈的辐合上升运动(图 4.105)。

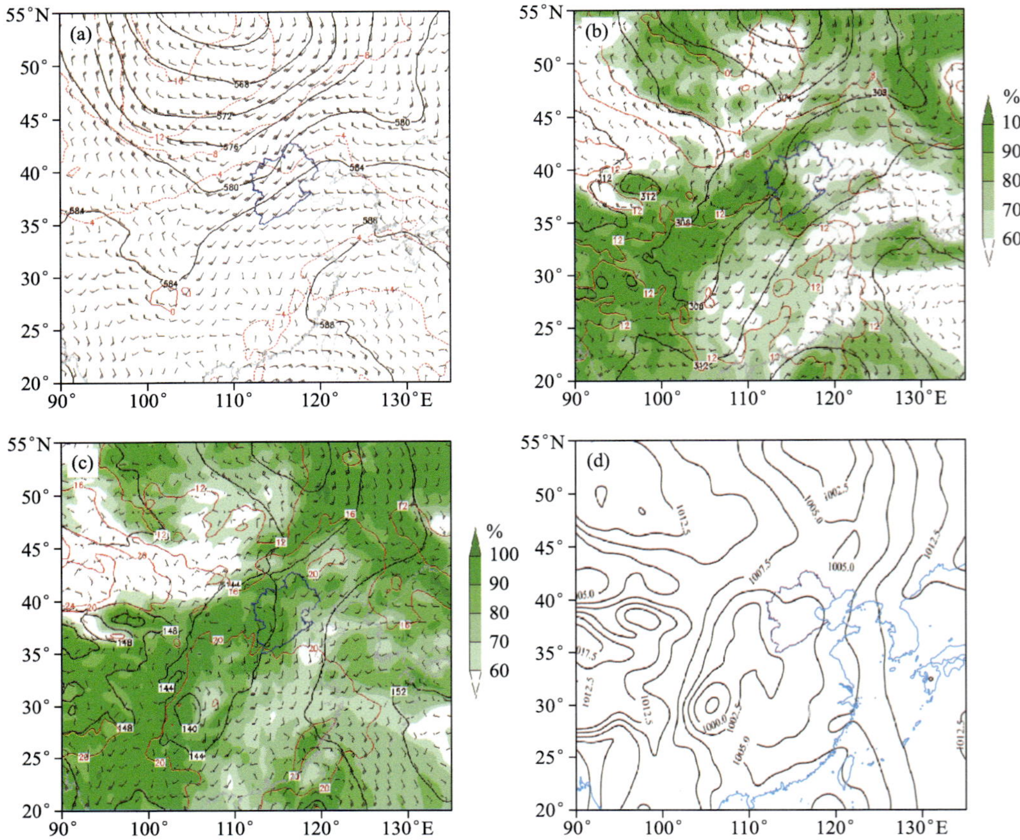

图 4.105　2012 年 7 月 21 日 08 时(a)500 hPa、(b)700 hPa、(c)850 hPa 及(d)地面天气图

4.45　2012 年 7 月 30—31 日暴雨

(1)暴雨时段

2012 年 7 月 29 日 20 时—31 日 20 时。

(2)雨情描述

2012 年 7 月 29—31 日，海河流域自西向东出现大到暴雨，东南部大暴雨。29—30 日，永定河上游、大清河中游、子牙河上游、漳卫河中下游和徒骇马颊河出现暴雨，局地大暴雨；30—31 日，子滦河、北三河、大清河、子牙河、漳卫河下游以及海河干流、黑龙港运东和徒骇马颊河出现暴雨，局地大暴雨。所有河系 48 h 面雨量都达到 35 mm 以上，徒骇马颊河和黑龙港运东面雨量超 100 mm(图 4.106～图 4.108)。

(3)形势分析

影响系统——短波槽、副热带高压、切变线、低空急流、地面低压倒槽。

① 7 月 30 日 08 时，500 hPa 欧亚中高纬以纬向环流为主，多短波槽活动，30 日白天高空

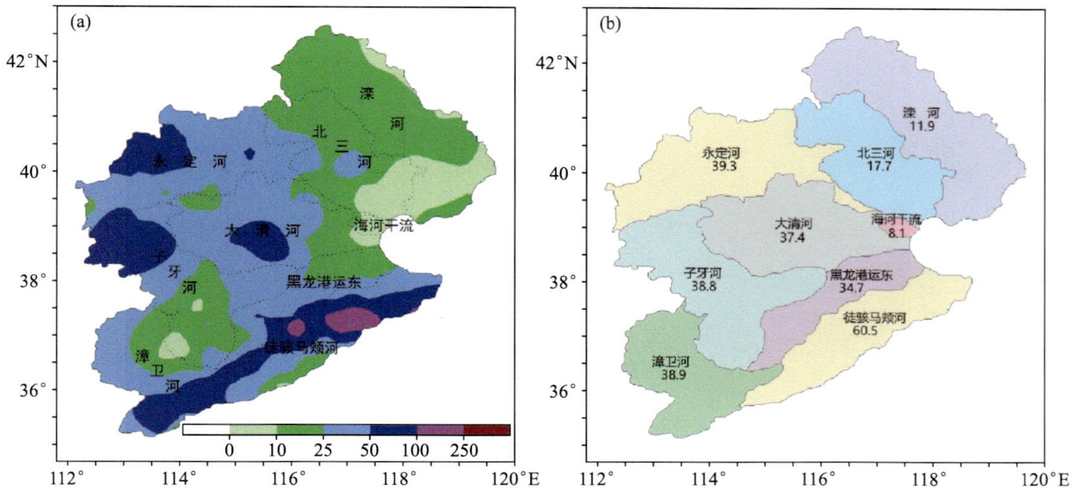

图 4.106　2012 年 7 月 30 日 24 h(a)降雨量和(b)面雨量分布(单位:mm)

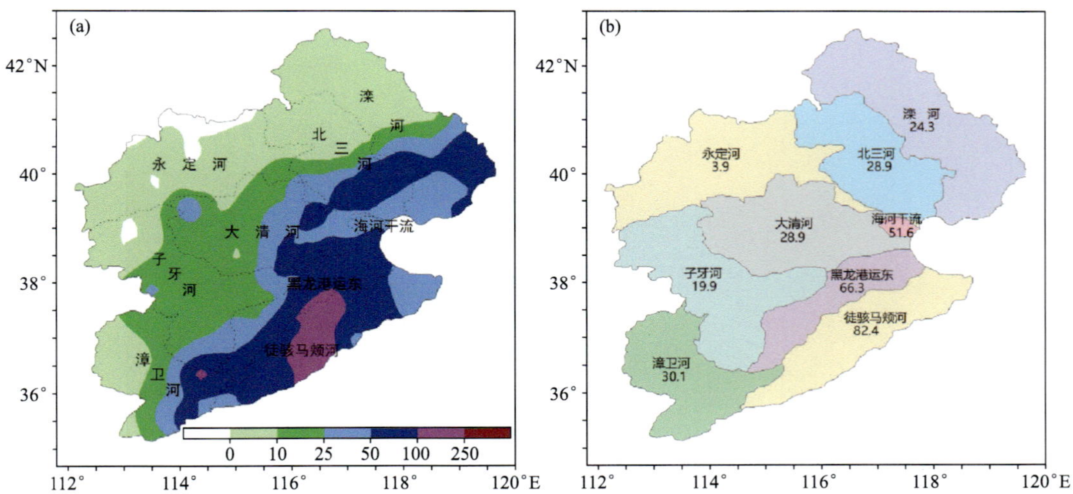

图 4.107　2012 年 7 月 31 日 24 h(a)降雨量和(b)面雨量分布(单位:mm)

短波槽影响之前,海河流域中南部处于副热带高压外围高温高湿控制区。30 日夜间短波槽移至海河流域中西部,同时南侧纬向副热带高压与大陆高压分离,中心在日本海加强。31 日白天副热带高压加强西深北抬,500 hPa 短波槽沿副热带高压移出海河流域。

② 30 日,低空 700 hPa 有西北涡东移,受涡前暖平流、涡后冷平流的作用东移加强。850 hPa 受副热带高压边缘暖湿气流影响,海河流域中南部形成暖切变线,配合副热带高压边缘的高温高湿的不稳定能量,在海河流域中南部形成暖区暴雨。31 日高空槽过境,弱冷空气从东北路影响海河流域,中低层形成近似东北—西南向的冷切变线,切变线及其南侧低空急流出口辐合区为暴雨提供动力抬升条件,同时偏南气流的水汽输送保障了暴雨发生所需要的水汽条件。

③ 海平面气压场上,30 日低压倒槽顶部的东风气流为暖区暴雨的触发和维持提供动力条

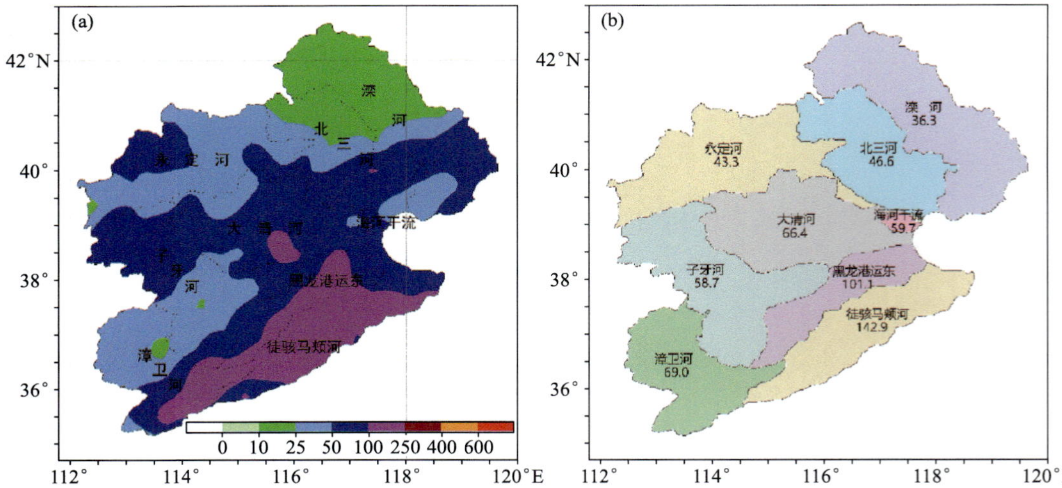

图 4.108　2012 年 7 月 30—31 日 48 h(a)降雨量和(b)面雨量分布

件。31 日随着弱冷空气南侵，在海河流域东部形成锋面结构，利于暖湿空气沿锋面上升，为暴雨提供动力抬升条件(图 4.109)。

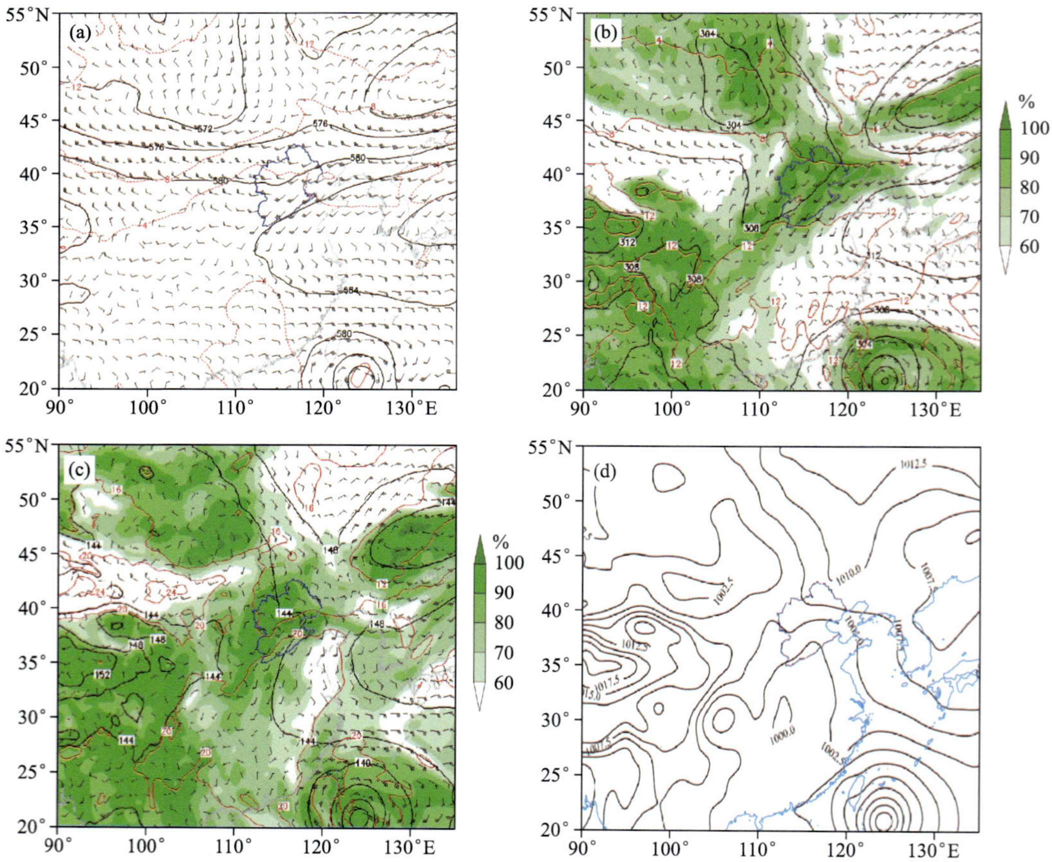

图 4.109　2012 年 7 月 31 日 08 时(a)500 hPa、(b)700 hPa、(c)850 hPa 及(d)地面天气图

4.46　2016 年 7 月 19—20 日暴雨

(1)暴雨时段

2016 年 7 月 18 日 20 时—20 日 20 时。

(2)雨情描述

2016 年 7 月 18—20 日，海河流域自西南向东北出现暴雨到大暴雨，大暴雨范围广，18—19 日大暴雨位于子牙河、漳卫河、大清河南部和黑龙港运东上游，除永定河、北三河和滦河外的 6 个子河系的面雨量达到大暴雨以上，子牙河的面雨量为特大暴雨；19—20 日大暴雨位于北三河以及滦河、大清河和永定河下游，滦河、北三河、海河干流和大清河的面雨量达到大暴雨。连续两天的面雨量显示，在子牙河、大清河和海河干流均超过 160 mm，降水过程具有极端性(图 4.110～图 4.112)。

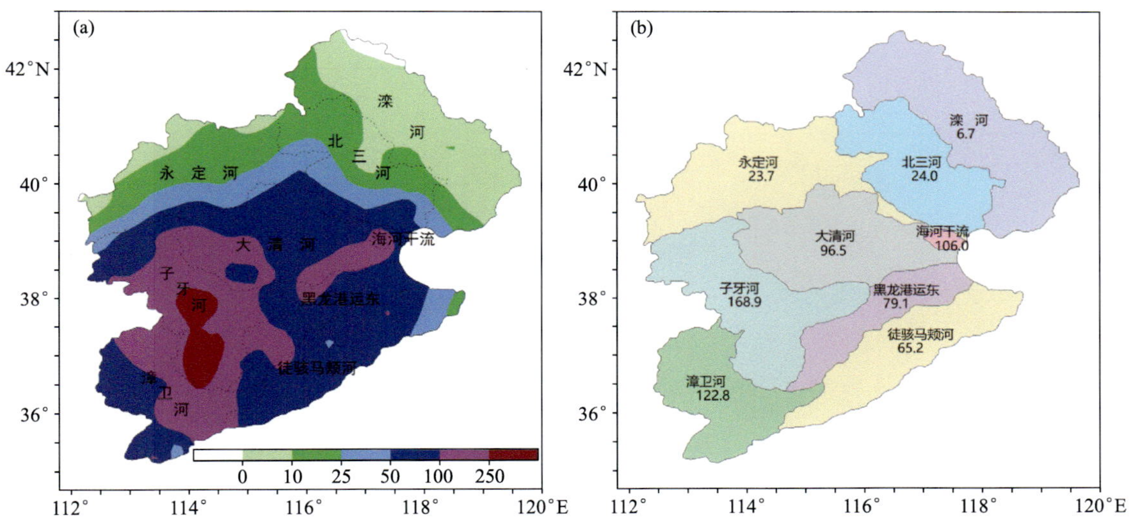

图 4.110　2016 年 7 月 19 日 24 h(a)降雨量和(b)面雨量分布(单位:mm)

(3)形势分析

影响系统——高空冷涡、副热带高压、低涡、低空急流、黄淮气旋。

① 7 月 19 日 08 时，500 hPa 欧亚中高纬呈现“两脊一槽”环流形势，高空槽位于晋陕交界处，温度槽落后于高度槽，不断有冷平流及正的热成风涡度平流向槽区输送，高空槽在东移过程中加深发展，至 19 日 20 时高空槽进一步发展形成低涡，强度明显加强，海河流域处于强烈的正涡度平流区，有利于低层及地面系统的发展。同时，副热带高压与东部高压脊同位相叠加，进一步增强了副热带高压的稳定性，在其阻滞形势下，西风槽移动缓慢，副热带高压外围的西南气流与低涡带来的冷空气长时间交绥在海河流域，造成大范围大暴雨天气。

② 与 500 hPa 系统相对应，低空 700 hPa 低涡在东移过程中与西南涡结合并加深发展，且

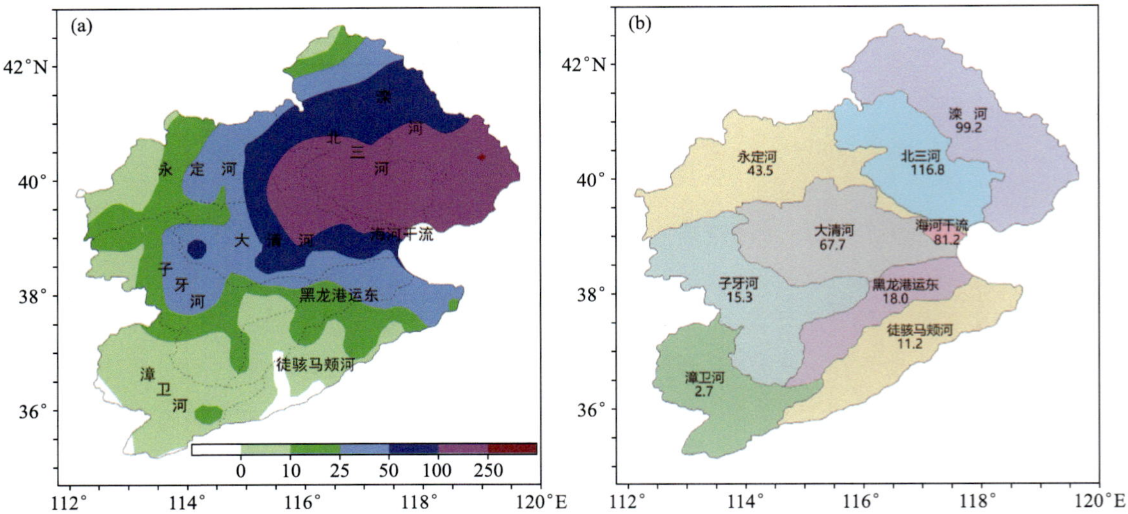

图 4.111　2016 年 7 月 20 日 24 h(a)降雨量和(b)面雨量分布(单位:mm)

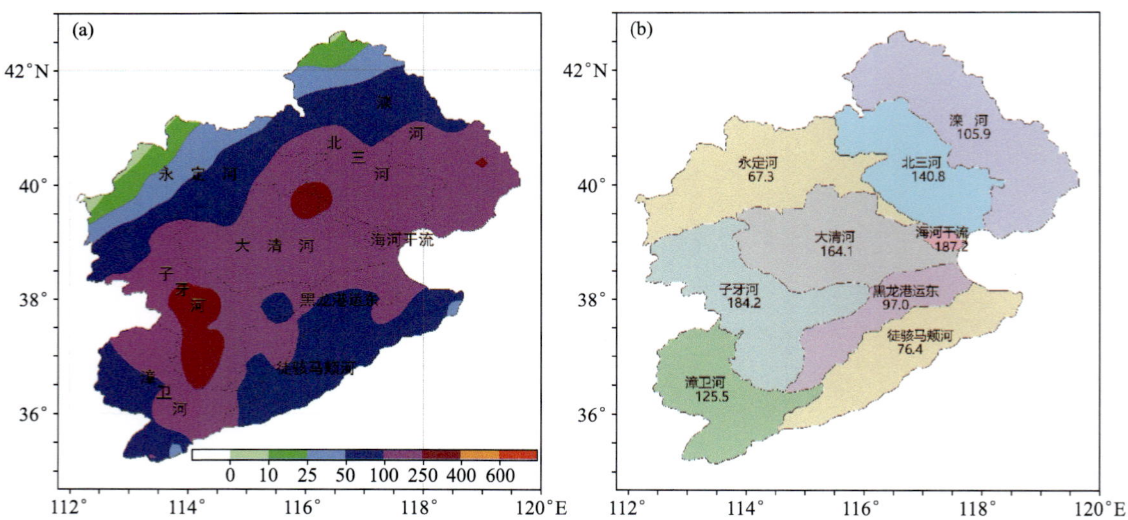

图 4.112　2016 年 7 月 19—20 日 48 h(a)降雨量和(b)面雨量分布

伴随人字形切变线,海河流域处于低空切变线前部的辐合上升区及低空急流左侧的正切变涡度区,强烈的动力条件有利于大暴雨的发生,同时风速达到 24 m/s 的西南急流将南方的水汽源源不断地向海河流域输送并在流域上空辐合,保证了大暴雨发生的水汽条件。19 日低涡位于河南北部,其北侧的东南急流受太行山阻挡,地形辐合抬升作用有利于降水在山前增幅,是子牙河系强降水产生的一个重要原因。

③ 高空正涡度平流和暖平流的共同作用,海平面气压场上有黄淮气旋生成并显著发展,自西南向东北移动影响海河流域。气旋低压前侧强烈辐合抬升作用也是造成此次大暴雨的重

要因素(图 4.113)。

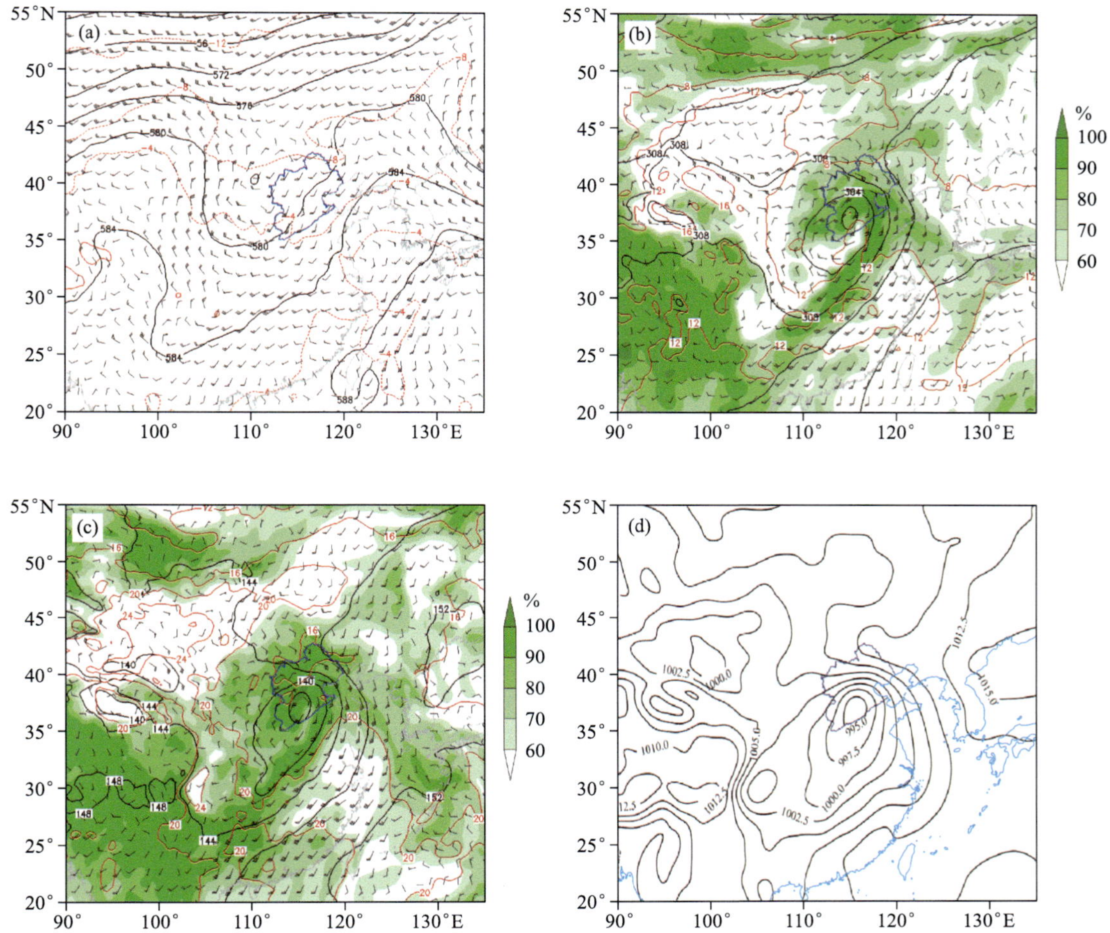

图 4.113　2016 年 7 月 20 日 08 时(a)500 hPa、(b)700 hPa、(c)850 hPa 高空及(d)地面天气图

4.47　2017 年 10 月 9 日暴雨

(1)暴雨时段

2017 年 10 月 8 日 20 时—9 日 20 时。

(2)雨情描述

2017 年 10 月 8—9 日,海河流域中部出现大到暴雨,其中暴雨位于北三河下游、子牙河上游和大清河。大清河、子牙河、北三河、永定河面雨量达到暴雨,海河干流面雨量最大,为 60.6 mm(图 4.114)。

(3)形势分析

影响系统——高空槽、副热带高压、切变线、低空急流、冷锋。

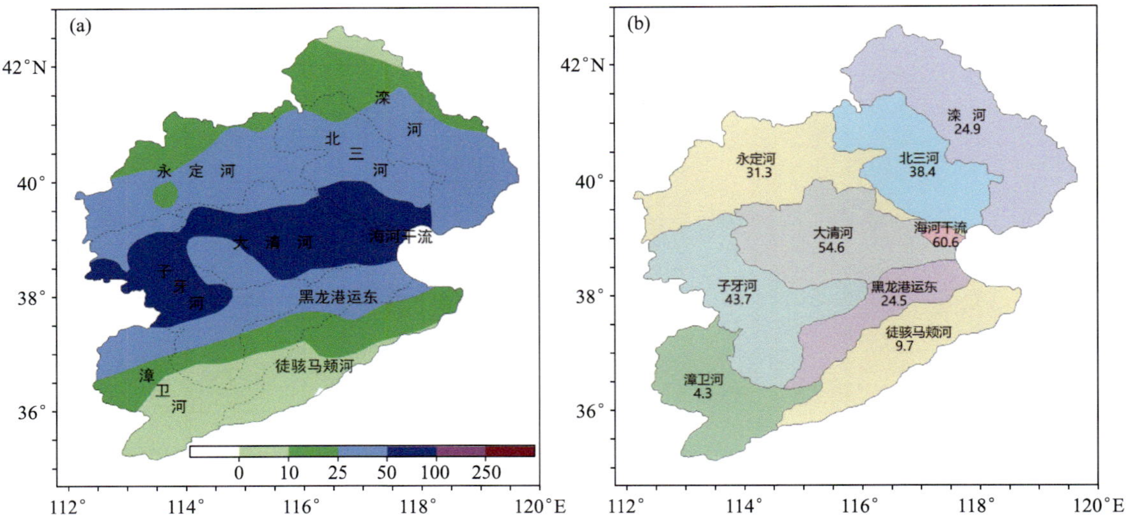

图 4.114 2017 年 10 月 9 日 24 h(a)降雨量和(b)面雨量分布(单位:mm)

① 10 月 9 日 08 时,500 hPa 副热带高压异常强盛,588 线压在海河流域东南部,高空槽位于新疆东部,海河流域处于西部高空槽和东部副热带高压之间强盛的西南气流中,高空槽东移时副热带高压位置基本维持不变,冷暖空气交汇造成此次暴雨过程。

② 低空 700 hPa 和 850 hPa 有低空切变线东移,其前侧存在强烈的西南急流,700 hPa 风速达到 20 m/s,海河流域处于低空切变线前侧及低空西南急流出口区左侧,存在强烈的辐合上升运动。同时,强盛西南急流的暖湿空气输送增强了暴雨发生的水汽条件及能量条件。

③ 地面天气图上,9 日冷高压南压,海河流域中部等压线密集,锋面特征明显。暖湿空气沿锋面抬升是中低层最重要的动力抬升条件(图 4.115)。

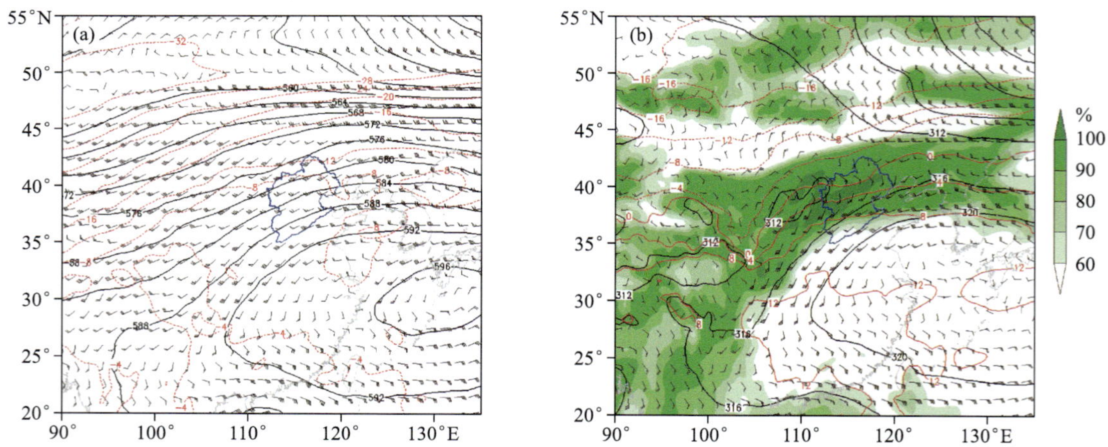

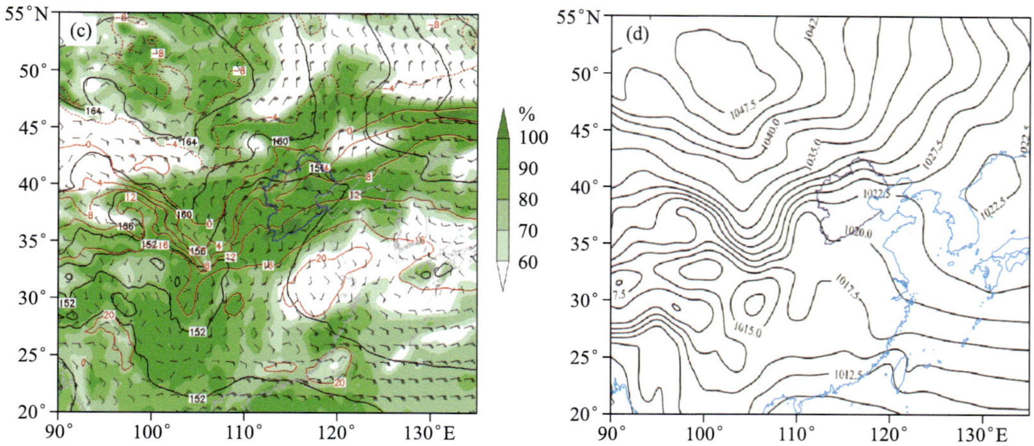

图 4.115　2017 年 10 月 9 日 08 时(a)500 hPa、(b)700 hPa、(c)850 hPa 及(d)地面天气图

4.48　2018 年 7 月 24 日暴雨

(1)暴雨时段

2018 年 7 月 23 日 20 时—24 日 20 时。

(2)雨情描述

2018 年 7 月 23—24 日，受台风“安比”影响海河流域东北部出现暴雨和大暴雨，其中大暴雨位于滦河下游、北三河中下游和海河干流。滦河、黑龙港运东面雨量达到暴雨，北三河和海河干流的面雨量达到大暴雨，分别为 63.4 mm 和 134.4 mm(图 4.116)。

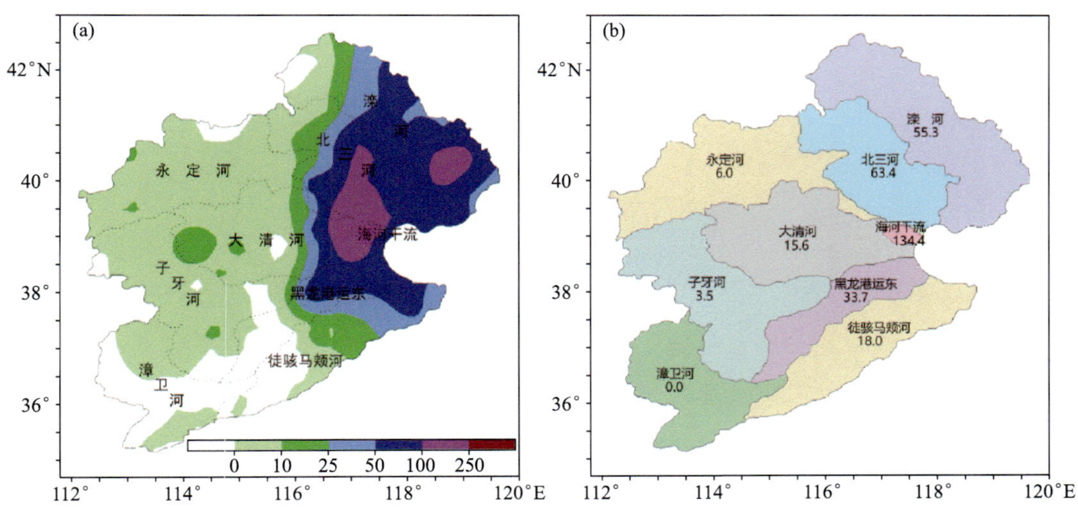

图 4.116　2018 年 7 月 24 日 24 h(a)降雨量和(b)面雨量分布(单位：mm)

(3)形势分析

影响系统——高空槽、副热带高压、台风、切变线、低空急流、地面台风倒槽。

① 7 月 23 日 20 时，从 500 hPa 形势来看东亚中高纬度为“两脊一槽”型，两脊分别位于 100°E 和 130°E 附近，高空槽位于宁陕交界处，副热带高压中心位于朝鲜半岛附近，脊线呈西北—东南向位于朝鲜半岛至内蒙古东部一线，对东部高空槽形成显著的阻挡作用。台风“安比”沿副热带高压西侧偏南气流北上至海河流域。24 日 08 时，随着高空槽逐渐东移，台风环流逐渐并入高空槽，台风环流随之减弱，随高空槽前西南气流逐渐从海河流域东北部移出。

② 23 日白天，“安比”台风环流开始影响海河流域南部，台风环流东侧强烈的偏南气流带来丰沛的水汽和能量，在北侧台风倒槽区辐合，暖湿空气的补充利于台风暖心结构的维持。24 日，台风环流与高空槽合并，冷空气从西侧侵入台风环流，暖心结构被破坏，但冷暖空气交汇使得台风中心以及北侧不稳定性增强，并形成明显的切变线，降水效率显著增加。此外，在减弱的台风低涡北移过程中，涡前偏南气流与燕山山脉相遇，地形抬升作用也有利于海河流域东北部降水进一步增强。

③ 23 日之前，由于副热带高压西侧暖湿气流输送以及降水凝结潜热释放和地面摩擦小等原因，台风“安比”环流始终完整维持，强度缓慢减弱。至 24 日白天，由于冷空气入侵，台风变性为斜压结构，强度显著减弱，变为低压区。台风倒槽和低压区前侧均有利于低层上升运动，与暴雨落区有较好的一致性(图 4.117)。

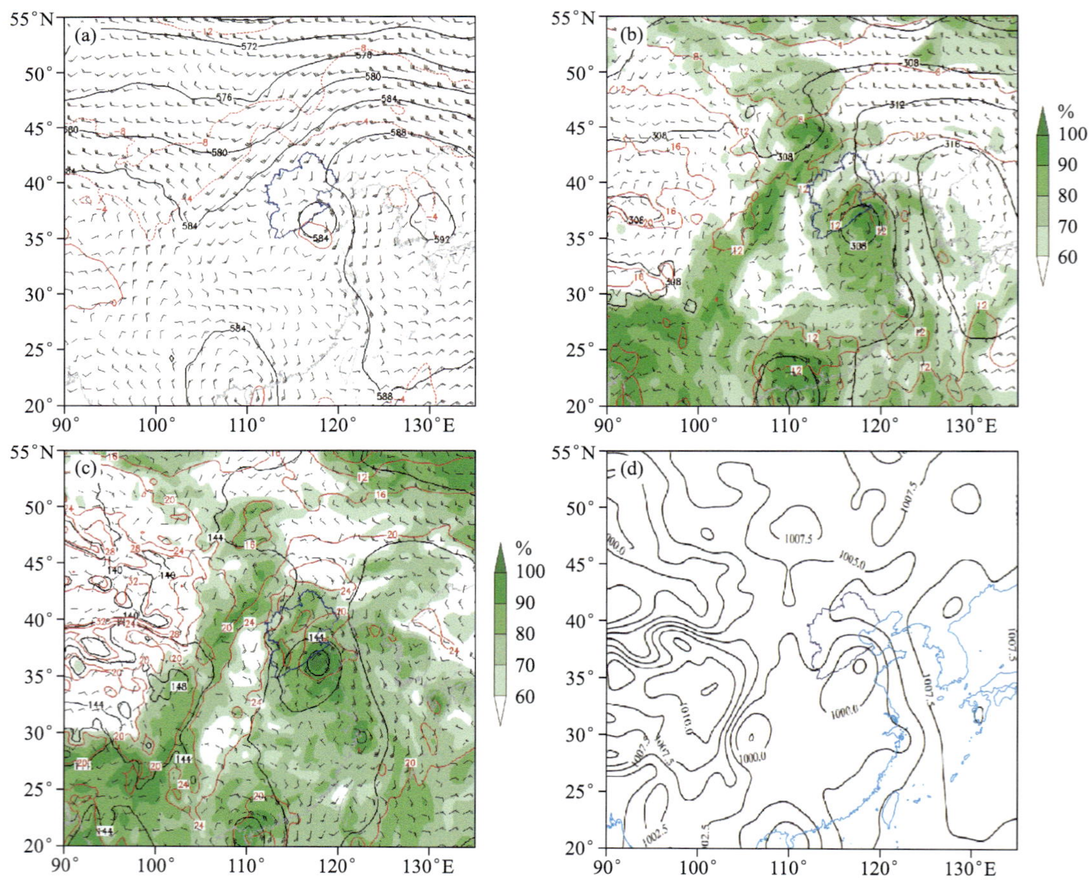

图 4.117　2018 年 7 月 23 日 20 时(a)500 hPa、(b)700 hPa、(c)850 hPa 及(d)地面天气图

4.49　2019 年 7 月 29 日暴雨

(1)暴雨时段

2019 年 7 月 28 日 20 时—29 日 20 时。

(2)雨情描述

2019 年 7 月 28—29 日，海河流域中部出现大到暴雨，个别地区大暴雨，其中暴雨位于海河干流、黑龙港运东下游、子牙河和大清河。子牙河和黑龙港运东面雨量达到暴雨，海河干流和大清河面雨量达到大暴雨(图 4.118)。

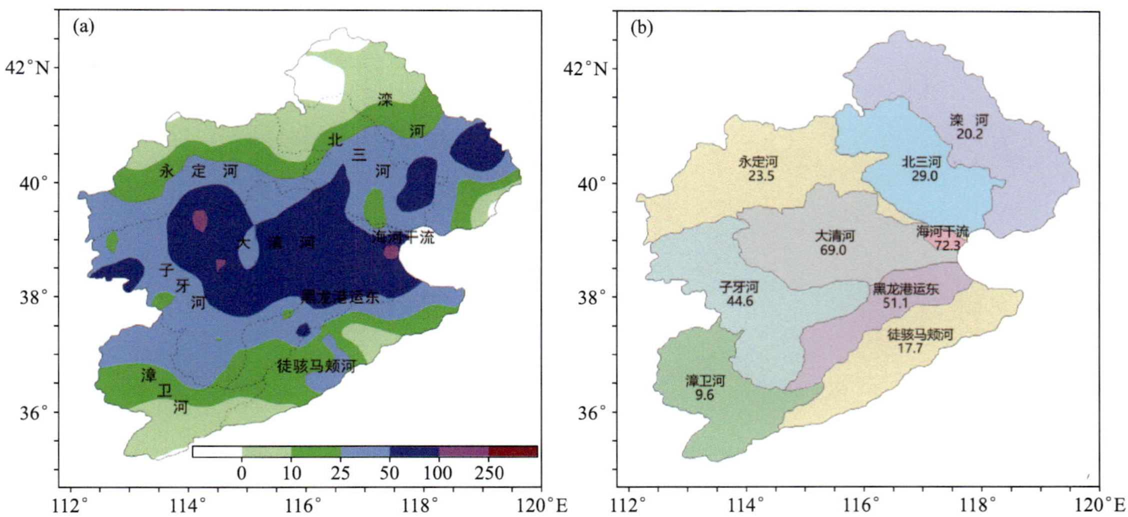

图 4.118　2019 年 7 月 29 日 24 h(a)降雨量和(b)面雨量分布(单位：mm)

(3)形势分析

影响系统——蒙古冷涡低槽、副热带高压、切变线、低空急流、地面低压倒槽。

① 7 月 29 日 08 时，500 hPa 蒙古冷涡后部短波槽位于内蒙古和陕西交界处，温度槽落后于高度槽，在冷平流的作用下高空槽加深发展。在此之前，副热带高压略有北抬，随着高空槽移近南撤。

② 与高空系统相配合，低空 700 hPa 和 850 hPa 有低空切变线东移，其前侧西南气流逐渐加强，切变线前侧的辐合上升和低空急流出口区的抬升作用为此次暴雨过程提供了有利的动力抬升条件，同时低空急流带来的水汽不断补充也是此次暴雨发生的重要原因。此外，前期海河流域中部为副热带高压边缘暖湿气团控制，随着冷空气入侵，增加了该地的不稳定性，有效增加降水效率。

③ 地面天气图上，海河流域处于地面低压带和倒槽顶部，为降水提供辐合抬升条件(图 4.119)。

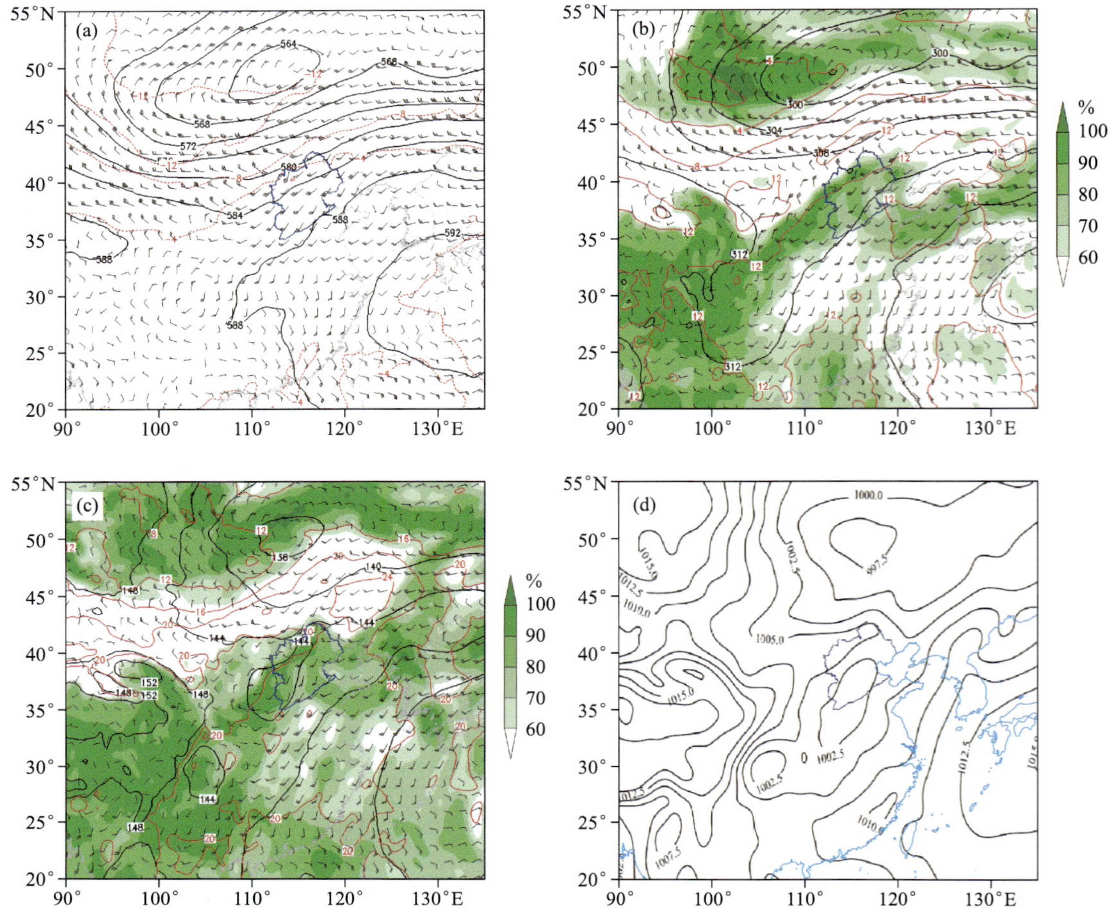

图 4.119　2019 年 7 月 29 日 08 时(a)500 hPa、(b)700 hPa、(c)850 hPa 及(d)地面天气图

4.50　2021 年 7 月 12 日暴雨

(1)暴雨时段

2021 年 7 月 11 日 20 时—12 日 20 时。

(2)雨情描述

2021 年 7 月 11—12 日，海河流域中东部大部出现暴雨到大暴雨天气，大暴雨主要出现在北三河和徒骇马颊河，海河流域西部仅为小到中雨天气，雨量分布不均。除子牙河和漳卫河外，海河流域各河系面雨量均达到暴雨以上，北三河、黑龙港运东、徒骇马颊河达到大暴雨，徒骇马颊河面雨量最大，为 98.7 mm(图 4.120)。

(3)形势分析

影响系统——切断低涡、副热带高压、切变线、低空急流、地面低压。

① 10 日夜间，蒙古冷涡低槽在槽前较强暖平流、槽后弱冷平流共同作用下不断加深，在晋陕交界处形成切断低涡。强盛的副热带高压与大陆高压连通，副热带高压中心位于我国东部

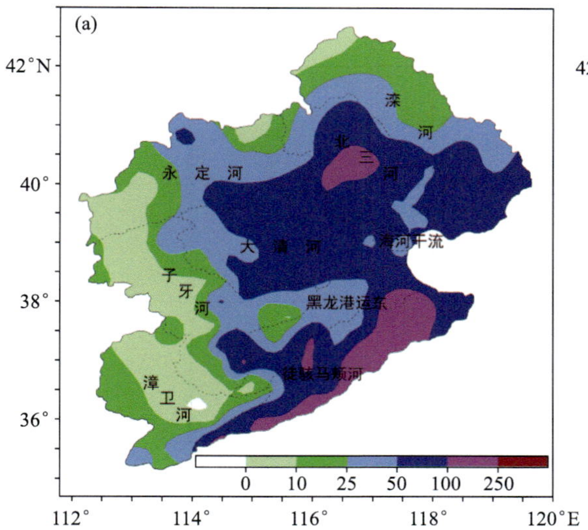

图 4.120　2021 年 7 月 12 日 24 h(a)降雨量和(b)面雨量分布(单位:mm)

沿海,在 120°E 附近有逐渐向北发展的副热带高压脊线,受其阻挡,切断低涡移动缓慢并加强,低涡前侧上升运动区自西南向东北影响海河流域大部分地区。12 日,低涡后部干冷空气侵入,涡底冷切变线附近不稳定性加强,产生局地对流性降水。

② 与高空切断低涡相对应,中低空 700 hPa 和 850 hPa 也有暖性低涡发展。随着低涡向东北移动,涡前与副热带高压之间西南急流和偏东急流加强,低涡前部的西南气流达到 20 m/s,暖平流强盛,能量、水汽输送显著,在暖切变线附近以及急流辐合区产生强烈上升运动,形成类似于台风螺旋雨带的对流性降水。12 日,低涡后部干冷空气入侵,在海河流域中北部涡底冷切变线附近,不稳定性加强,形成对流性暴雨。

③ 随着高空槽的加深,槽前正涡度平流加强,加之高空暖平流的减压作用,地面天气图上在海河流域西南部有地面低压生成,和低涡路径一致,自西南向东北移动,其前侧的动力抬升作用也是暴雨大暴雨发生的原因之一(图 4.121)。

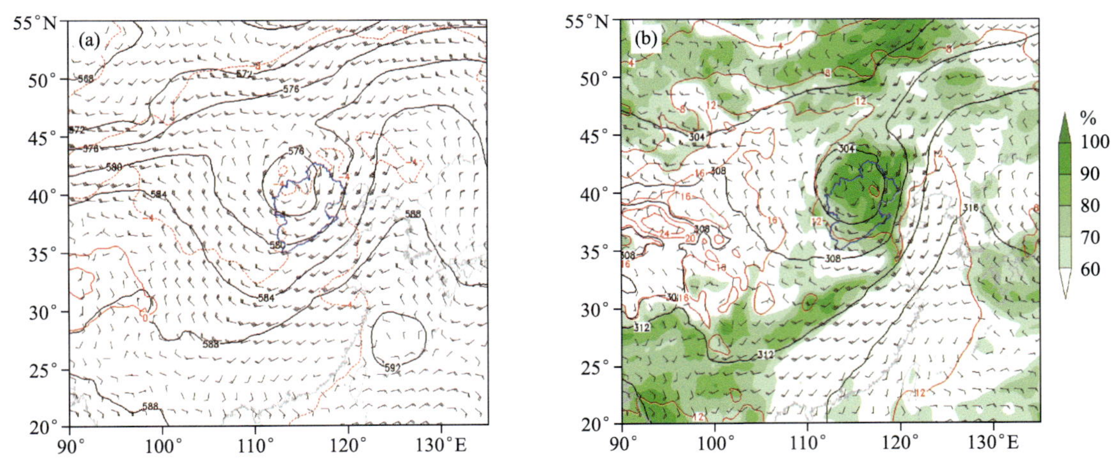

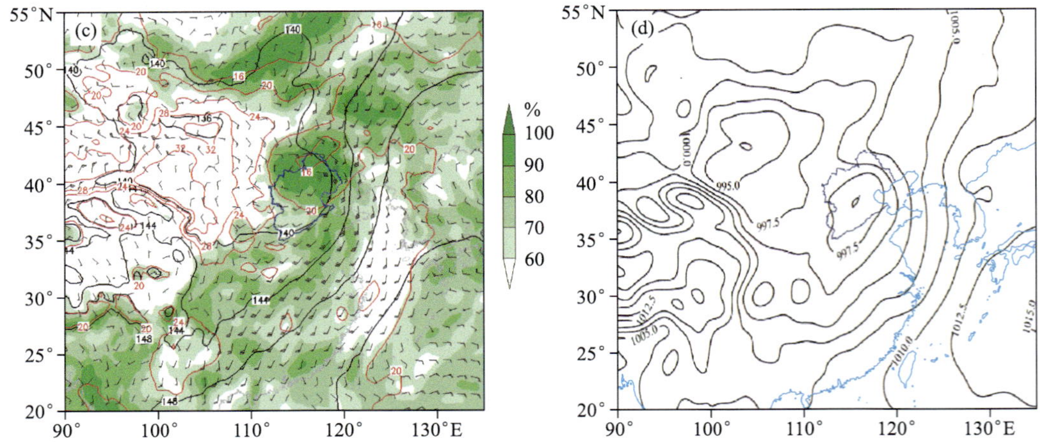

图 4.121　2021 年 7 月 12 日 20 时(a)500 hPa、(b)700 hPa、(c)850 hPa 及(d)地面天气图

4.51　2021 年 7 月 21 日暴雨

(1)暴雨时段

2021 年 7 月 20 日 20 时—21 日 20 时。

(2)雨情描述

2021 年 7 月 20—21 日，海河流域南部出现区域性暴雨，局部大暴雨天气，漳卫河个别站点达到特大暴雨，雨量分布不均。子牙河和漳卫河的面雨量分别达到暴雨和大暴雨，分别为 58.3 mm 和 144.5 mm(图 4.122)。

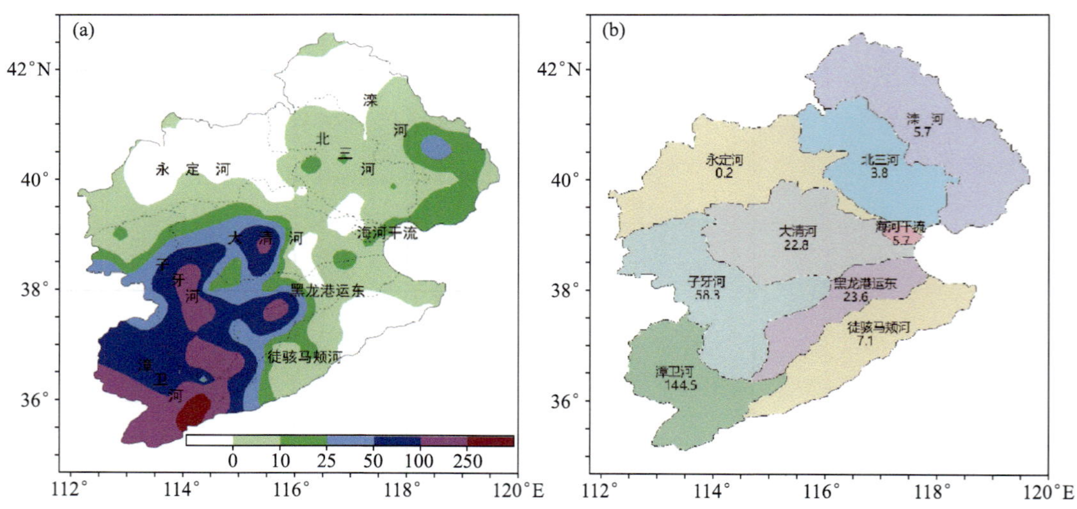

图 4.122　2021 年 7 月 21 日 24 h(a)降雨量和(b)面雨量分布(单位：mm)

(3)形势分析

影响系统——高空低涡、副热带高压、大陆高压、台风、切变线、低空急流、地面低压倒槽。

① 19—20 日，中高纬度大陆高压和副热带高压强盛，受台风“烟花”(202106)的影响，副热带高压中心位置偏北，位于日本海中部，副热带高压脊线向北直伸至鄂霍次克海附近；大陆高压脊向北发展至东北地区，与副热带高压脊线在高纬度同位相叠加，稳定性也进一步增强。我国中纬度地区受副热带高压西侧偏南气流与大陆高压东侧偏北气流共同作用，诱发出位于晋陕交界处的高空低涡系统。21 日中高纬高空槽东移，槽后弱冷空气侵入低涡后部，配合中低层偏南气流和东南气流不断输送的暖湿空气，造成海河流域西部不稳定性增强，有利于对流性暴雨发生。

② 20 日，与高空低涡相对应，700 hPa 副热带高压西侧有暖切变线，偏南气流将南方水汽和能量源源不断输送至海河流域南部，在暖切变线附近辐合抬升；850 hPa 以副热带高压西南侧东南暖湿气流输送为主，台风北侧的偏东南气流与之合为一体，有利于将台风外围丰沛的水汽和能量输送至海河流域南部，在暖切变线上辐合抬升，形成高效率的暖区暴雨。此外，东南急流与太行山交汇，地形抬升作用也导致山前降水增加。

③ 地面天气图上，在海河流域南部维持一低压倒槽，且逐渐向北伸展，海上高压维持，边界层持续的偏东南风辐合也为暴雨产生提供了动力抬升和水汽条件(图 4.123)。

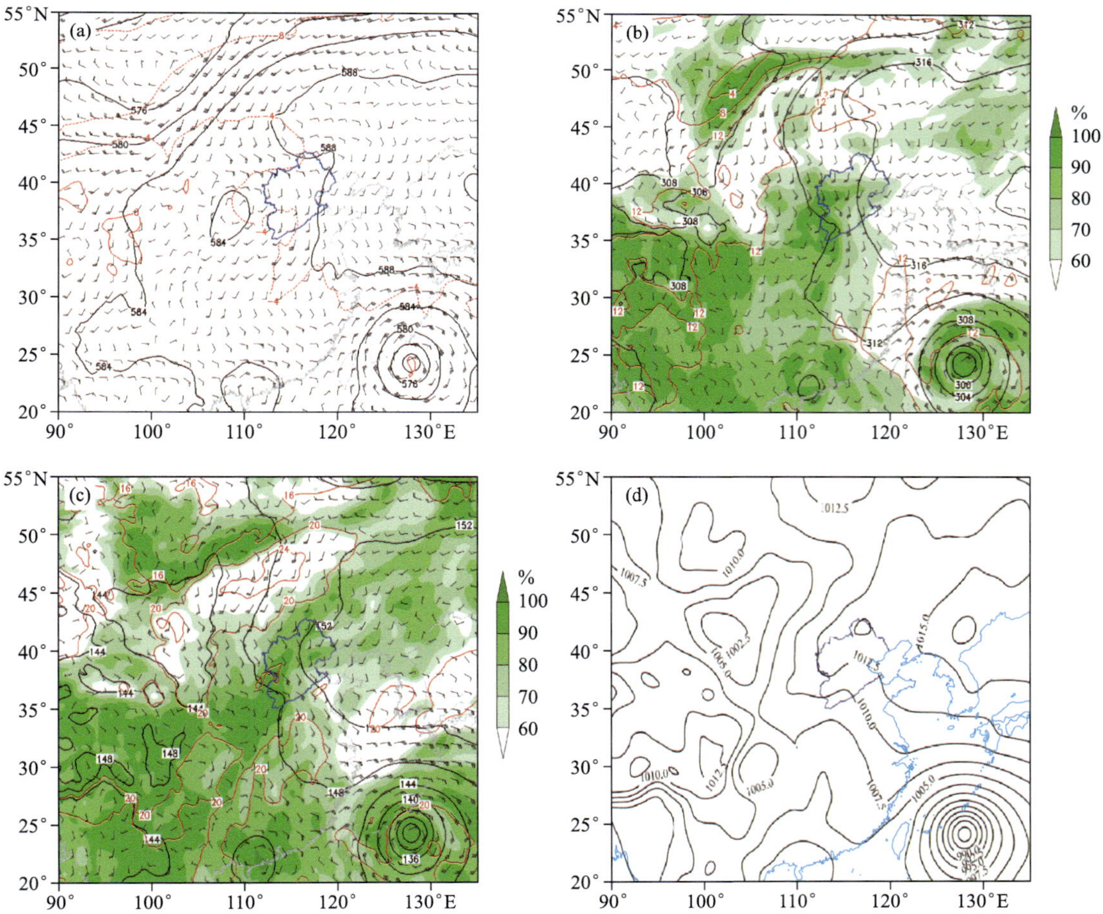

图 4.123　2021 年 7 月 21 日 08 时(a)500 hPa、(b)700 hPa、(c)850 hPa 及(d)地面天气图

4.52 2021 年 7 月 29 日暴雨

(1)暴雨时段

2021 年 7 月 28 日 20 时—29 日 20 时。

(2)雨情描述

2021 年 7 月 28—29 日,海河流域东部出现暴雨到大暴雨,其中海河干流、黑龙港运东和徒骇马颊河出现大暴雨,西部大部分地区则以小雨为主,雨量分布不均。海河干流、黑龙港运东和徒骇马颊河面雨量达到大暴雨,最大面雨量出现在徒骇马颊河,为 98.6 mm(图 4.124)。

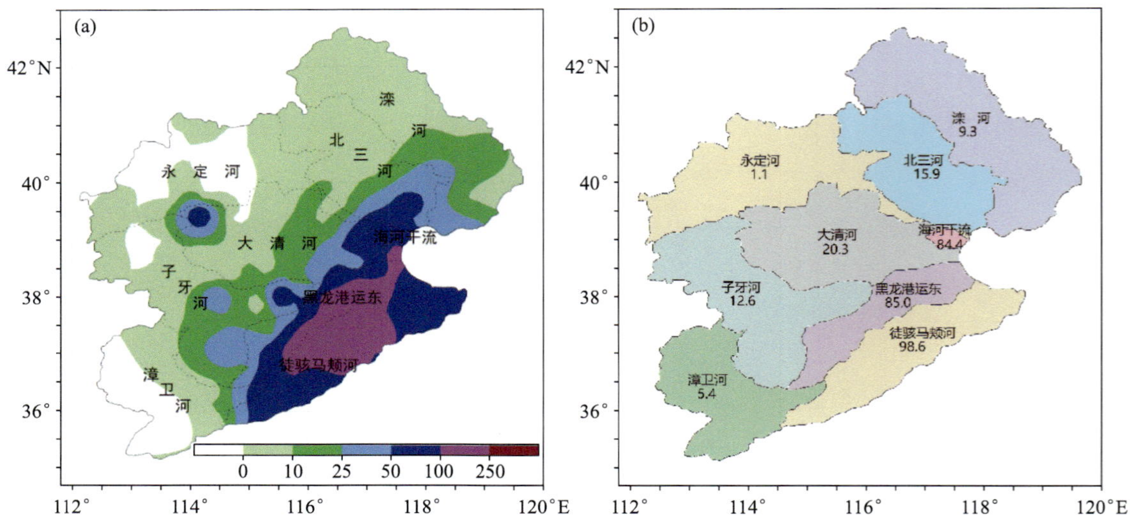

图 4.124 2021 年 7 月 29 日 24 h(a)降雨量和(b)面雨量分布(单位:mm)

(3)形势分析

影响系统——高空槽、副热带高压、台风、低空急流、地面台风低压。

① 7 月 28 日,登陆台风“烟花”位于安徽境内,并继续沿着副热带高压西侧偏南气流向北缓慢移动;中高纬为“两脊一槽”形势,高空槽东移缓慢,高空槽和台风环流在 28 日中午结合,大陆高压和副热带高压的对峙使涡旋系统在安徽北部至山东南部地区维持并缓慢向北移动,此时台风低压倒槽影响海河流域东南部地区。直到 29 日,槽后冷空气侵入台风环流后部,同时东部副热带高压减弱南退,减弱的台风低压从渤海湾入海减弱。

② 中低层“烟花”台风环流完整,20 m/s 以上的东南急流带来丰沛的水汽和能量,强降水出现在台风中心以及台风倒槽东侧,暴雨区与台风路径一致,海河流域东南部由于影响时间较长雨量达到大暴雨。

③ 地面同样受台风低压环流影响,有较好的动力抬升条件(图 4.125)。

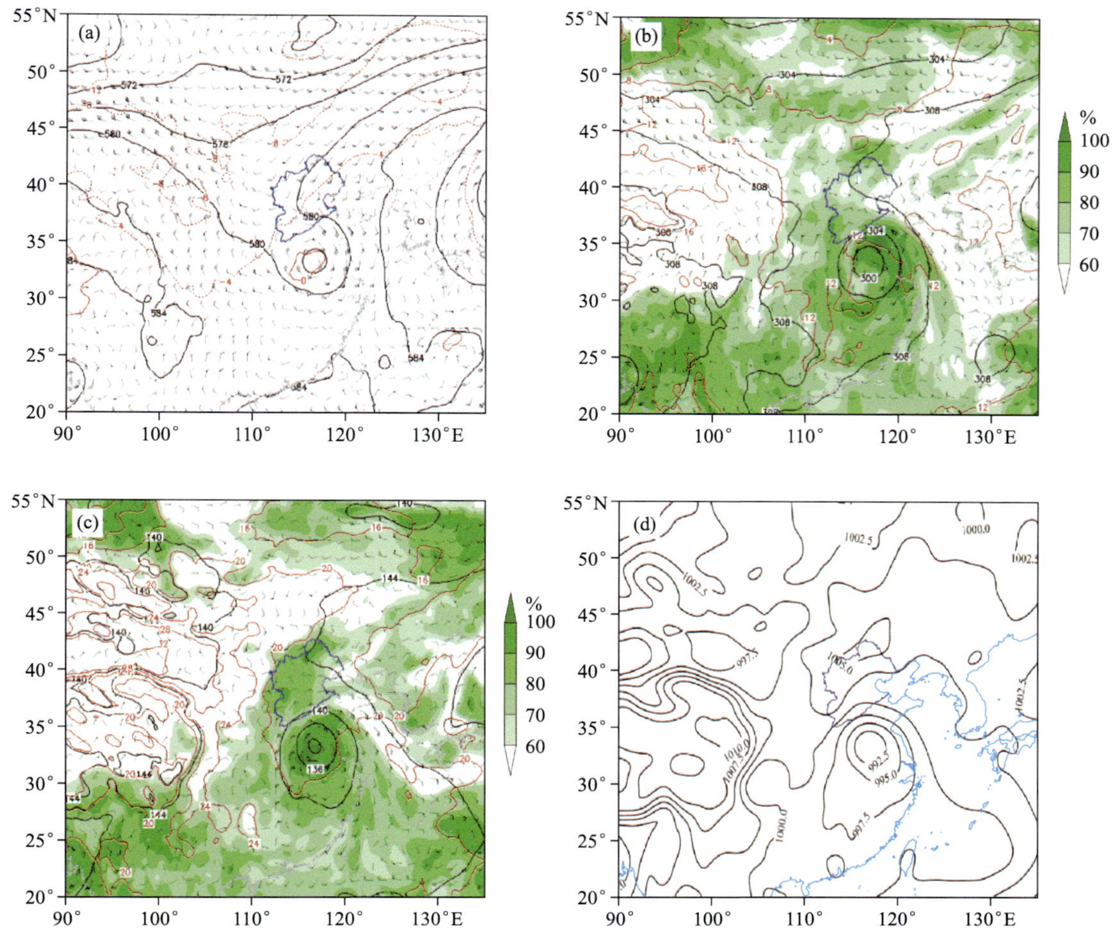

图 4.125 2021 年 7 月 28 日 20 时(a)500 hPa、(b)700 hPa、(c)850 hPa 及(d)地面天气图

4.53 2021 年 9 月 19 日暴雨

(1)暴雨时段

2021 年 9 月 18 日 20 时—19 日 20 时。

(2)雨情描述

2021 年 9 月 18—19 日,海河流域中南部出现大到暴雨,局部大暴雨,其中子牙河下游、黑龙港运东和徒骇马颊河上游出现大暴雨。大清河、黑龙港运东、子牙河、漳卫河和徒骇马颊河达到暴雨或大暴雨,黑龙港运东面雨量最大,为 80.3 mm(图 4.126)。

(3)形势分析

影响系统——高空槽、副热带高压、西南涡、切变线、低空急流、地面低压倒槽。

① 9 月 19 日,欧亚中高纬大陆高压和副热带高压较强盛,内蒙古中西部存在一槽,同时在四川盆地附近有南支槽发展。副热带高压脊线与北支槽前高压脊结合,在朝鲜半岛至贝加尔

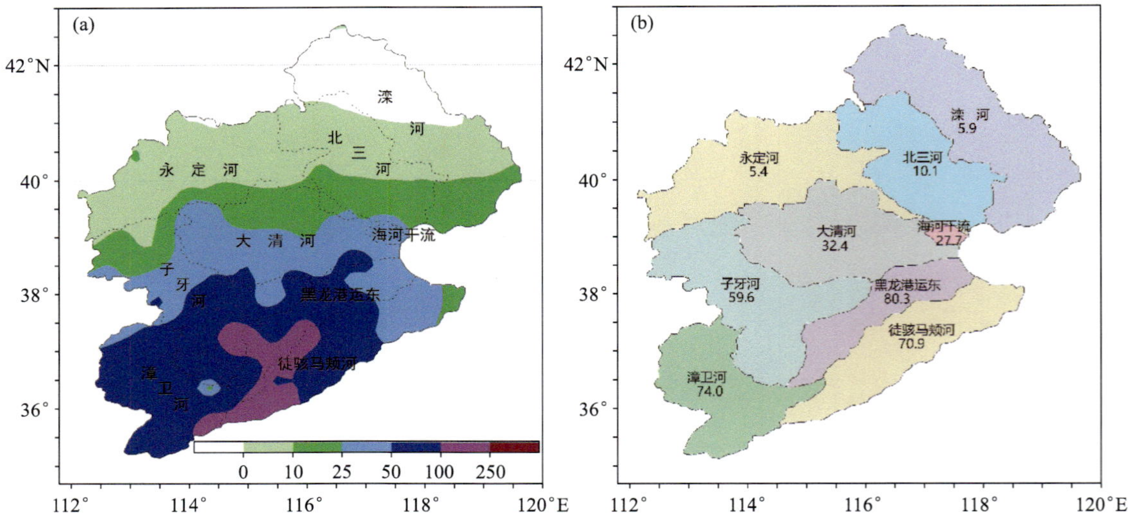

图 4.126　2021 年 9 月 19 日 24 h(a)降雨量和(b)面雨量分布(单位:mm)

湖东南一线形成西北—东南向的副热带高压脊线,对南支槽形成阻挡作用,同时北支槽后冷空气侵入沿着大陆高压脊渗入南支槽后部,使得南支槽在缓慢向东北移动的过程中不断加深发展,19 日夜间在海河流域西部形成切断低涡。在此期间,海河流域始终处在涡槽前正涡度平流的影响之下,为暴雨的发生提供了有利动力抬升条件。

② 与南支槽相对应中低空有西南涡发展,并沿着副热带高压西侧西南气流向东北缓慢移动,低涡前侧西南气流和副热带高压相互作用不断加强为强盛的西南急流,风速最大达到 22～24 m/s,随着副热带高压向北伸脊线的建立,涡前东风气流也加强为急流,暖切变线附近以及西南急流出口辐合区的动力抬升作用显著,强盛的西南急流将南方的水汽源源不断地输送至海河流域中南部,使得该地区具有暴雨发生的充沛水汽条件。

③ 地面天气图上,江淮气旋不断向北发展,气旋顶部低压倒槽提供了较好的动力抬升条件(图 4.127)。

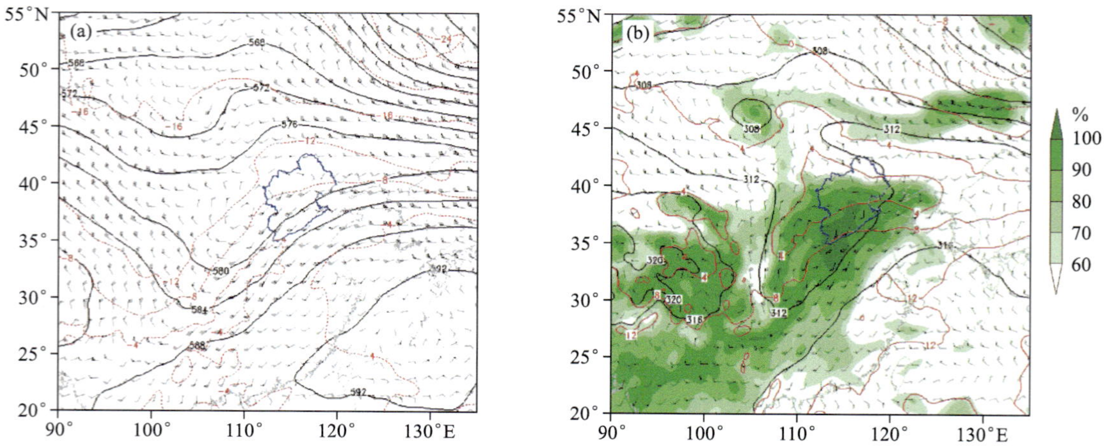

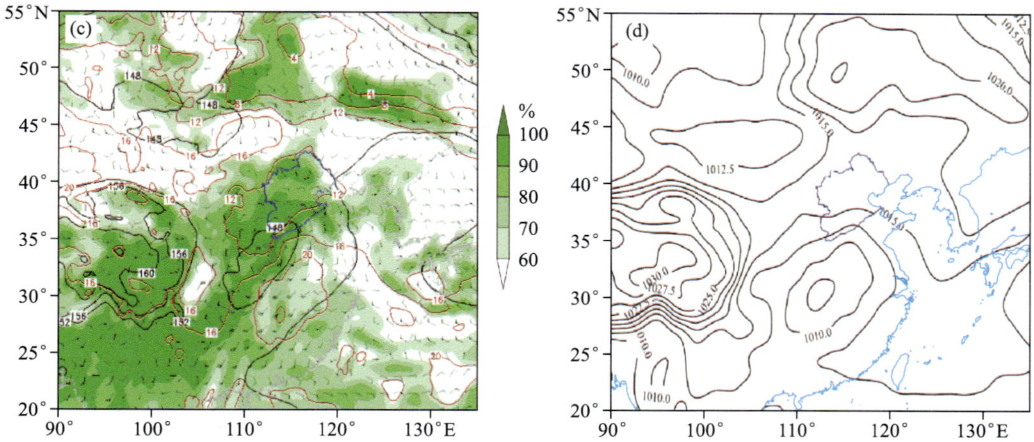

图 4.127　2021 年 9 月 19 日 08 时(a)500 hPa、(b)700 hPa、(c)850 hPa 及(d)地面天气图